MATÉRIEL

DES

INDUSTRIES DU CUIR

TANNERIE — CORROIERIE — MÉGISSERIE

MAROQUINERIE

FABRIQUES DE COURROIES ET DE CHAUSSURES

PAR

J.-P. DAMOURETTE

INGÉNIEUR CONSTRUCTEUR

ANCIEN ÉLÈVE DE L'ÉCOLE POLYTECHNIQUE

PARIS

CHEZ L'AUTEUR, 49, RUE DE LA CHAUSSÉE-D'ANTIN

ET CHEZ LES PRINCIPAUX LIBRAIRES

—

1869

MATÉRIEL

DES

INDUSTRIES DU CUIR

Paris. — Typographie Hennuyer et fils, rue du Boulevard, 7.

MATÉRIEL

DES

INDUSTRIES DU CUIR

TANNERIE — CORROIERIE — MÉGISSERIE

MAROQUINERIE

FABRIQUES DE COURROIES ET DE CHAUSSURES

PAR

J.-P. DAMOURETTE

INGÉNIEUR CONSTRUCTEUR

ANCIEN ÉLÈVE DE L'ÉCOLE POLYTECHNIQUE

PARIS

CHEZ L'AUTEUR, 49, RUE DE LA CHAUSSÉE-D'ANTIN

ET CHEZ LES PRINCIPAUX LIBRAIRES

—

1869

TABLE DES MATIÈRES

DEUXIÈME PARTIE

MATÉRIEL DE LA TANNERIE.

TROISIÈME PARTIE

MATÉRIEL DE LA CORROIERIE, DE LA HONGROIERIE
ET DES MANUFACTURES DE CUIRS VERNIS.

CINQUIÈME PARTIE

MATÉRIEL DES MANUFACTURES DE COURROIES ET DE CHAUSSURES.

FIN DE LA TABLE DES MATIÈRES.

PRÉFACE

Les traités de commerce, en diminuant ou
supprimant les droits dits *protecteurs*, ont causé
une certaine perturbation parmi les industriels
français.

Dans chaque pays les diverses branches de
l'agriculture, du commerce et de l'industrie sont
plus ou moins avantagées par la nature et par les
aptitudes des habitants. Les droits sur l'importa-
tion sont destinés à protéger surtout la fabrication
des produits les moins favorisés contre l'envahis-

sement des produits similaires de l'étranger ; mais ce résultat ne peut être obtenu qu'au détriment des produits les plus avantagés, car leur exportation et par suite leur fabrication se trouvent arrêtées par les droits établis par les pays limitrophes.

Cette situation est évidemment contraire à la nature, puisqu'elle prive chaque pays des bienfaits attribués en excédant aux contrées voisines et qu'elle arrête le développement des richesses qu'il peut renfermer. Cette situation est également contraire au bien-être et à la fortune publics ; elle rapetisse le commerce et comprime l'essor des industries les plus prospères.

Avec la liberté commerciale il en est tout autrement. La fabrication des produits les plus avantagés se développe ; et si parfois leur écoulement à l'étranger donne lieu à une plus-value locale, c'est, en réalité, au bénéfice du pays qui profite et du développement et de la plus-value sur l'exportation. Quant aux produits moins favorisés, si leur fabrication diminue ou disparaît, c'est qu'elle ne pouvait se soutenir qu'artificiellement ; et du moins la consommation profite de la concurrence étrangère.

Sans parler du commerce et de l'industrie des transports, qui bénéficieront toujours de l'augmentation des transactions résultant du libre échange, il est évident que plus un pays est riche et plus il doit gagner à l'abaissement des droits protecteurs.

Sous ce rapport la France n'a rien à envier à ses voisins; la nature l'a richement douée, et le grand concours de 1867 a bien démontré qu'il ne dépendait que d'elle de prendre le premier rang parmi les nations industrielles.

En France l'agriculture est largement partagée. Telle qu'elle est, elle suffit à l'alimentation du pays. Que serait-ce si la culture était plus perfectionnée, si les landes et les marais étaient défrichés, si les machines étaient employées d'une manière plus générale, si les bras étaient retenus dans les campagnes et ramenés des villes par les soins de sociétés sérieuses, comme nous espérons que celle des Orphelinats agricoles sera le modèle, si enfin l'Algérie, douée d'institutions plus libérales, était mieux exploitée?...

En industrie, si nous devons envier à l'Angleterre ses mines de charbon et de minerais qui lui permettent d'entreprendre à meilleur compte la construction des navires et les grands travaux métalliques, ne sommes-nous pas dans les mêmes conditions que ce pays pour tous les tissus de fil, laine et coton, et pour la construction des machines, vu le plus bas prix de la main-d'œuvre? ne sommes-nous pas avantagés par la nature pour les soieries, les constructions civiles, le travail des peaux, et par nos aptitudes particulières pour les instruments d'optique, d'horlogerie, de musique et de chirurgie, enfin pour tout ce qui concerne l'habillement et l'ameublement?

La France est donc certainement le pays le plus favorisé, celui qui a le moins à perdre et le plus à gagner au libre échange.

Si de ces conditions générales nous passons à l'étude des faits, il faut bien reconnaître qu'ils n'ont pas été ce qu'ils auraient du être. Nous sommes malheureusement si habitués en France à un régime de protection, que nous nous trouvons fort embarrassés lorsque nous pouvons user de quelques libertés.

La transformation, nécessitée par les traités de

commerce et qui devait produire de grands maux et de plus grands biens, n'a donné jusqu'ici pour ainsi dire que ses résultats mauvais. Il est certain qu'on est plus disposé à critiquer qu'à approuver; que ceux qui ont perdu se plaignent, que ceux qui sont restés dans le même état se plaignent encore, et que ceux enfin qui ont prospéré, s'ils ne se plaignent pas, ne disent rien. Néanmoins il faut avouer que beaucoup d'usines se sont fermées ou ont diminué le nombre de leurs ouvriers, et que, sans les grands travaux publics et les chemins de fer, la souffrance se serait fait sentir d'une manière sérieuse.

Mais cette situation fâcheuse qui s'est produite à la suite des traités de commerce a eu, suivant nous, trois causes principales indépendantes de ces traités : l'état d'inquiétude de l'Europe, la guerre américaine et le caractère même des Français.

Depuis plusieurs années les principales nations d'Europe jouissent d'une paix armée plus ruineuse qu'une guerre de courte durée; cette situation qui se prolonge si malheureusement suspend les transactions commerciales de pays à pays.

La guerre d'Amérique a rompu violemment les

relations commerciales de ce pays avec l'Europe et a déterminé un arrêt presque complet dans l'arrivée en France des matières premières du nouveau monde, et surtout dans l'écoulement aux Etats-Unis de nos produits manufacturés. Il est certain que ce changement aurait eu lieu à une époque postérieure; mais il eût été moins sensible s'il se fût manifesté graduellement et non à la suite des traités de commerce.

Notre caractère est peu commercial, peu industriel; il est trop fantaisiste, trop artistique. Au lieu de chercher à tirer le meilleur parti possible des nouveaux traités, nous les avons critiqués, espérant revoir le régime des anciens temps; par suite les mauvais résultats, véritable conséquence de la transformation et de la concurrence étrangère, se sont produits, tandis que les bons, qui demandaient une certaine initiative, n'ont pas encore paru. Au lieu de réclamer au gouvernement l'abolition de traités qui feront sa gloire, demandons-lui plutôt la suppression des entraves administratives qui s'opposent au développement de l'industrie, l'extension des libertés, la diminution des droits intérieurs, la facilité et l'économie des transports par canaux et chemins de fer, et enfin de meilleures conditions pour nos colonies et notre commerce de navigation.

Les industries du cuir sont certainement très-favorisées en France; elles y trouvent en effet les matières premières, peaux et écorces, en abondance et une main-d'œuvre très-habile dans les grandes villes et d'un prix peu élevé dans les campagnes. Elles auraient dû profiter largement des traités de commerce en s'ouvrant des débouchés nouveaux; et cependant l'augmentation de la production n'a fait que suivre sa marche ordinaire.

Il y a trente et quarante ans les tanneurs étaient les maîtres dans les petites localités. Tout le monde, faute de capitaux, ne pouvait pas entreprendre le travail des peaux, la concurrence était presque inconnue. Donc le tanneur était seul à acheter les peaux au boucher, les écorces au propriétaire et leur faisait la loi; il était seul aussi à vendre aux corroyeurs et aux cordonniers, et leur faisait également la loi. Puis sont venues dix an-

nées exceptionnelles pendant lesquelles, par suite
de l'augmentation des prix de vente, les fabricants
de cuirs ont réalisé de très-grands bénéfices.

Mais aujourd'hui que, grâce à la facilité des
communications, les bouchers et les propriétaires,
recherchés par plusieurs, ont pu élever le prix de
leurs peaux et de leurs écorces et faire la loi à
leur tour, et que, grâce à la diffusion de la fortune
publique, la concurrence s'est produite dans les
usines, les fabricants de cuirs ont vu leurs bénéfices diminuer considérablement. La plupart riches, sans ambition, sont restés dans le *statu quo*,
espérant encore le retour des anciens jours qui ne
reviendront plus, et préférant demeurer dans
l'inaction plutôt que de modifier leur matériel et
leur commerce.

Cependant tandis que les Etats-Unis cherchaient
à s'affranchir du tribut qu'ils payaient à l'étranger,
il y avait pour les fils des fabricants de cuirs un
beau rôle à jouer : c'était celui d'organiser et de
diriger les grands établissements de l'Amérique et
de continuer dans le nouveau monde sur une plus
vaste échelle la réputation de supériorité dans le

travail que leurs pères avaient justement acquise en Europe.

Cependant il y avait un parti à tirer des nouveaux traités de commerce, qui permettaient aux producteurs d'augmenter leurs débouchés et de retrouver par la quantité ce qu'ils avaient perdu sur le prix. Mais il faut malheureusement l'avouer, tandis que la tannerie allemande ne cessait de prospérer, la tannerie française subissait un temps d'arrêt. Il faut y prendre garde; car si le flot germanique monte moins vite que celui qui vient d'outre-Manche, il monte plus sûrement peut-être.

On compte facilement en France les grandes usines pourvues d'un bon matériel pour la production des cuirs, et cependant elles seules peuvent espérer lutter avec avantage sur les marchés étrangers.

Un bon matériel, voilà ce qui effraye le plus souvent les industriels, et voilà pourtant la chose indispensable, l'âme de l'industrie, sans laquelle la prospérité est aujourd'hui impossible.

L'étude du matériel des industries du cuir, tel

est le but que nous nous sommes proposé dans cet ouvrage. Un guide est nécessaire au fabricant pour le diriger dans le choix des machines dont il a besoin, car les dépenses les plus fortes et les plus inutiles sont celles qui proviennent des tâtonnements.

Les machines destinées au travail des cuirs sont encore peu nombreuses et surtout peu employées; c'est avec la plus vive peine que nous avons vu, à l'Exposition universelle de 1867, l'exiguïté du pavillon du matériel mécanique de la tannerie et de la corroierie, comparativement aux grandioses galeries occupées par les machines de filature et de tissage; c'est avec un vif étonnement qu'on lira dans quelques années, dans le compte rendu de cette exposition, la description si écourtée que M. Perrault a faite sur le matériel de la tannerie.

Si les machines destinées au travail des cuirs sont peu nombreuses, elles sont encore moins connues, et c'est encore pour cela qu'une étude sur cette question nous a paru utile.

Peut-être notre travail pourra-t-il contribuer à réveiller les tanneurs de leur engourdissement.

Ils verront du moins que la mécanique, bien que
mal encouragée, a déjà fait beaucoup pour eux et
qu'elle est disposée à faire davantage. Les industriels comme MM. Placide Peltereau, Sueur, Lepelley, qui ont compris l'importance des machines
dans la fabrication des cuirs, sont bien rares; il est
temps que leur nombre augmente.

INTRODUCTION.

Nous comprenons dans les fabriques de cuir non-seulement les tanneries, corroieries, mégisseries, hongroiries, qui transforment les peaux en cuirs, mais encore les fabriques de courroies, de chaussures, etc., qui travaillent les peaux et les cuirs pour en faire un objet de consommation.

La fabrication des cuirs a acquis de nos jours une importance très-grande.

Parmi les produits des animaux employés à nous préserver des intempéries des saisons, la peau est certainement le plus précieux ; et, pour satisfaire aux besoins de la vie, la transformation que subissent les peaux des animaux, si simple en apparence, est en réalité très-complexe et très-délicate. Le travail des cuirs est donc un de ceux qui nécessitent le plus d'expérience, de manutentions, de soins et d'intelligence.

Ce qui prouve incontestablement l'importance des cuirs, c'est que, dans tous les pays civilisés, ils sont utilisés d'une manière complète. Dans certaines parties de l'Amérique, on tue les animaux pour en avoir la peau ; le corps, qui pourrait servir d'aliment ou au moins d'engrais, est abandonné ; les peaux seules sont exportées et vendues pour la fabrication. Cela ne suffit point encore, et l'on a essayé de reconstituer le cuir au moyen de ses déchets ou artificiellement par des imitations.

En Russie et en Amérique, pays privilégiés pour les matières premières, la fabrication est moins perfectionnée, sans doute parce qu'il est moins indispensable de demander à un produit abondant une durée aussi longue. Longtemps l'Amérique fut tributaire de la France pour la fourniture des chaussures et des articles en peau ; mais aujourd'hui il n'en est plus ainsi, car des manufactures de cuir très-importantes se sont établies en ce pays.

La Prusse et l'Autriche, l'ancienne Allemagne surtout, possèdent des tanneries de la plus grande importance qui rivalisent avec les meilleures fabriques de France.

L'Angleterre est privée par la nature des produits nécessaires à un bon tannage ; elle possède d'ailleurs de nombreuses industries bien favorisées, et où sa grande activité peut se développer ; la fabrique des cuirs n'occupe donc en ce pays qu'un rang secondaire.

En France, la tannerie est extrêmement divisée dans beaucoup de localités, et il est certain que cette division ne permet pas aux tanneurs de lutter avantageusement comme prix avec les grandes fabriques de l'Allemagne. A la vérité, depuis quelques années, plusieurs manufactures se sont installées sur un nouveau pied qui leur permet de livrer avec bénéfices beaucoup et à un prix modéré ; mais elles sont encore peu nombreuses.

Avec les ressources en produits riches et abondants, avec la main-d'œuvre supérieure que possèdent les tanneurs français, ils ne doivent pas se borner à défendre leurs marchés de la concurrence étrangère, ils doivent même exporter leurs produits sur les places de l'Europe moins favorisées. Ils doivent surtout bien se persuader qu'ils ne reverront plus cette large différence entre le produit brut et le produit fabriqué qui a enrichi leurs pères et eux-mêmes, différence qui a disparu dans toutes les industries comme dans la leur, et que doit compenser l'économie résultant d'un travail bien organisé, différence enfin qui est la conséquence du développement même de l'industrie et du bien-être.

Il est donc indispensable aujourd'hui que les fabriques de cuirs françaises perfectionnent et développent leur installation.

Dans la tannerie et la mégisserie, les opérations chimiques occupent avec la main-d'œuvre la plus large place. Dans les autres fabriques de cuirs, la mécanique doit jouer au contraire un très-grand rôle.

Les produits des tanneurs français ne laissent rien à désirer sous le rapport de la qualité ; les opérations chimiques en usage chez eux sont donc favorables à une bonne fabrication. Mais n'est-il pas possible d'arriver à un égal résultat en modifiant ces opérations de manière à ce qu'elles soient moins longues et moins coûteuses ? c'est ce qui nous paraît probable.

Nous n'avons pas l'intention de traiter la question

chimique dans cet ouvrage, mais nous exprimons le désir qu'elle soit étudiée par des hommes compétents.

Malheureusement de tels hommes sont extrêmement rares.

Les meilleurs tanneurs, qui connaissent parfaitement les besoins de leur industrie, opèrent le plus souvent par routine et sans se rendre compte. Les chimistes, au contraire, se sont bornés à des manipulations de laboratoire; ils n'ont eu ni les moyens ni les connaissances pratiques nécessaires pour déterminer d'utiles perfectionnements dans le travail des peaux.

Nous pouvons le dire en toute assurance, nous qui avons étudié successivement, à des époques différentes, la mécanique scientifique ou abstraite et la mécanique réelle ou appliquée, nous qui avons reconnu à nos dépens combien il est difficile dans une industrie de perfectionner trop rapidement la pratique par la science, ou de plier les principes mathématiques aux exigences de la routine. Nous devons le déclarer: les études que l'on fait suivre actuellement aux jeunes gens qui se destinent à l'industrie laissent beaucoup à désirer et ne produisent pas les résultats qu'on devrait en attendre.

La chimie ne peut être assimilée complétement à la mécanique; ses principes ne sont ni aussi simples ni aussi connus, et la science doit y jouer encore un rôle très-important. Néanmoins nous pensons qu'il appartient surtout à un praticien de perfectionner les opérations chimiques de la tannerie.

Nous espérons que quelque tanneur intelligent dirigera les études de ses fils vers la chimie et leur procurera le moyen d'appliquer leurs connaissances acquises au perfectionnement de leur industrie. Il en résultera pour eux certainement honneur et profit.

Si nous avons insisté sur la possibilité de perfectionner les opérations chimiques de la tannerie, c'est que la grande généralité des fabricants de cuirs sont persuadés aujourd'hui, par suite de la mauvaise réussite de nombreux procédés incomplets ou défectueux, qu'il n'y a plus rien à faire et qu'il est impossible de changer le mode actuel de tannage sans nuire à la qualité du produit.

C'est avec un vif regret que nous avons vu, dans le compte rendu de l'exposition universelle de 1867, exprimer la même opinion.

Nous revenons à la question mécanique pour ne plus nous en écarter.

Nous diviserons cet ouvrage, pour en faciliter l'étude, en cinq parties, relatives :

1° Aux machines motrices ;

2° Au matériel de tannerie ;

3° Au matériel de la hongroierie, de la corroierie et de la fabrication des cuirs vernis ;

4° Aux machines de mégisserie et de maroquinerie ;

5° Enfin, au matériel des manufactures de courroies et de chaussures.

Chacune de ces parties comprendra un ou plusieurs chapitres suivant son importance, et ainsi qu'il est déjà indiqué dans la table des matières.

PREMIÈRE PARTIE

MACHINES MOTRICES. — CHAUFFAGE A LA TANNÉE

MATÉRIEL

DES

INDUSTRIES DU CUIR

PREMIÈRE PARTIE

MACHINES MOTRICES. — CHAUFFAGE A LA TANNÉE

CHAPITRE I

MACHINES MOTRICES

On appelle *machines motrices* les machines qui reçoivent la force des moteurs et la transmettent aux machines de travail.

Les principaux moteurs employés dans l'industrie sont : les animaux, et surtout l'homme et le cheval, les cours d'eau, le vent, la vapeur et la force expansive des gaz.

Les machines motrices correspondantes sont : les manéges, les roues à eau, les moulins à vent, les machines à vapeur et à gaz.

Pendant longtemps les seules machines motrices employées dans la tannerie furent les chevaux, les moulins à vent et les roues à eau.

Du cheval au manége.

Il est reconnu que le cheval attelé au manége est un mauvais moteur. Il travaille mal et ne développe pas assez de force pour la plupart des machines. De plus, sa marche n'est pas régulière ; tantôt, s'il ralentit son pas ou si la résistance diminue, il peut être entraîné par le mouvement même, tandis que d'autres fois il peut donner des coups de collier dangereux et pour lui et pour les machines.

Cependant les chevaux sont encore employés comme moteurs dans beaucoup de tanneries pour broyer les écorces, pour faire mouvoir des pompes, des moulinets à coudrer, et même des marteaux à comprimer le cuir et des tonneaux à fouler et à vider de chaux.

Le cheval doit être réformé, comme moteur, toutes les fois que la tannerie acquiert une certaine importance. Il ne peut être conservé que par les tanneurs ayant une petite tannerie située à une certaine distance d'une station de chemin de fer, parce que ces tanneurs ont besoin, pour leur service personnel et le transport de leurs écorces et de leurs produits, d'un ou de plusieurs chevaux qui restent inoccupés une grande partie de la semaine et peuvent être employés alors à faire mouvoir de petites machines dans la fabrique.

Des roues à eau.

Les tanneurs ont besoin, pour leur industrie, d'une grande quantité d'eau, et surtout d'une eau courante ;

aussi se sont-ils établis autant que possible, sur le bord des rivières.

Il est donc tout naturel qu'ils aient cherché à utiliser la force des cours d'eau pour faire fonctionner leurs machines.

En outre, dans l'origine, les tanneurs ne broyaient pas eux-mêmes leurs écorces ; ils les achetaient en poudre ou les faisaient broyer au moulin à eau voisin de leur fabrique. Mais ils ont reconnu les inconvénients de cette manière d'opérer qui ne leur permettait pas de répondre de leurs marchandises. Ils se sont décidés à acheter les écorces dans la forêt, à les emmagasiner et à les broyer eux-mêmes. Pour cela, quelques-uns ont installé une machine à vapeur, tandis que d'autres ont acheté un moulin à eau, souvent celui qui précédemment travaillait pour eux à façon.

Les roues et turbines à eau sont certainement les moteurs les plus économiques et les meilleurs, quand ils sont réguliers. Malheureusement depuis longtemps l'imprévoyance des hommes et leur désir inconsidéré de jouir trop vite leur a fait négliger le service des eaux et même les a entraînés à faire tout ce qu'il fallait pour le rendre irrégulier ; les collines ont été dépouillées de leurs forêts ; les cours d'eau se sont transformés en lits de cailloux pendant l'été, et en torrents pendant l'automne et l'hiver.

Aussi, à quelques exceptions près, les petites chutes d'eau ne sont utilisables que dans la saison des pluies, si toutefois il n'y a pas alors inondation.

D'ailleurs, le tanneur désire, avec raison, habiter au centre de la localité où il a ses ressources, ses débouchés, sa famille, enfin la communication avec les grandes villes. Et, comme la force motrice des cours d'eau se trouve, en général, à une certaine distance de cette localité, il ne peut pas l'employer pour les travaux de sa tannerie, mais seulement pour le broyage des écorces, et encore avec le sacrifice de charrois très-coûteux du moulin à la fabrique.

Tels sont les principaux motifs pour lesquels les anciens moteurs de la tannerie, le cheval et les cours d'eau, tendent de plus en plus chaque jour à être remplacés par la vapeur.

Des moulins à vent.

Dans quelques localités, surtout dans le nord de la France, en Belgique et en Hollande, les tanneurs se servent de la force du vent comme moteur.

Cette force est en tout temps irrégulière et généralement très-faible pendant la belle saison; on comprend donc qu'elle convienne mal à la tannerie qui a besoin d'un moteur assez régulier et d'une force plus grande en été qu'en hiver.

Des machines à vapeur.

Dans un ouvrage spécial destiné aux industriels, aux tanneurs en particulier, et qui doit paraître en même temps que celui-ci, nous donnons une description complète des différents types de chaudières et machines à vapeur, de leur mode d'action, des règles qui doivent présider à leur choix, à leur mise en place, à leur conduite.

Nous nous bornerons donc ici à quelques considérations générales sur les machines à vapeur et sur les
chaudières se chauffant à la tannée.

Les tanneurs et fabricants de cuir doivent choisir
de préférence une machine à vapeur horizontale, sans
condensation, à moyenne vitesse, à volant puissant,
à détente variable à volonté soit par la main, soit
par le régulateur, et une chaudière timbrée à 6 kilogrammes par centimètre carré, à un ou deux
bouilleurs, suivant sa force, avec des tubes d'un très-
grand diamètre s'il est nécessaire d'en mettre pour
obtenir une surface de chauffe suffisante, chaudière
qui doit pouvoir se chauffer à la tannée seule, même
légèrement humide ou essorée.

La force de la machine ne doit jamais être de moins
de 6 chevaux.

Cette force sera : de 6 chevaux pour les petites
tanneries et mégisseries, pour les fabriques de courroies et corroieries ; de 9 à 12 chevaux pour les
tanneries moyennes, pour les grandes mégisseries,
pour les fabriques ordinaires de chaussures ; de 20
et 30 chevaux pour les tanneries et fabriques de
premier ordre.

La chaudière sera d'une force nominale double de
celle de la machine ; son foyer sera très-vaste et fait
spécialement pour le chauffage à la tannée.

De l'installation des appareils à vapeur.

Au moment d'établir des appareils à vapeur, plusieurs tanneurs se demandent où ils doivent faire
cette installation, à leur fabrique, ou à leur ancien

moulin, où ils possèdent un moteur hydraulique qui peut servir d'auxiliaire, leurs pilons pour les écorces et leurs granges pour l'emmagasinage.

Aucune hésitation n'est possible sur le choix de l'emplacement.

Les appareils à vapeur doivent être établis à la fabrique même, parce que le matériel tout entier y sera réuni sous la surveillance indispensable du maître, parce qu'à la fabrique la machine à vapeur fournira à tous les travaux et apportera à a fois l'économie et le bien être.

Aujourd'hui bien des tanneurs ne pensent à utiliser leur moteur que pour le broyage de leurs écorces; mais il est certain qu'avant peu d'années, si la tannerie française veut conserver le premier rang qu'elle a su conquérir, si elle veut produire à la fois bien et économiquement, elle sera forcée de demander aux machines à vapeur la force nécessaire pour faire fonctionner les pompes, pour transporter les produits, pour fouler, vider de chaux, ébourrer, travailler de rivière, battre les cuirs ou les refendre suivant les besoins de la clientèle; en même temps elle demandera aux chaudières de la vapeur pour chauffer ses étuves, ses jus ou extraits; pour chauffer ou ventiler ses bureaux, ateliers ou logements; et de l'eau chaude pour les besoins du ménage et de la famille.

Sans doute on objectera que l'installation des appareils à vapeur à la fabrique prendra de la place, nécessitera des constructions de hangars existant déjà au moulin. N'importe, nous le répétons, quand même il faudrait faire de grands sacrifices pour

acheter des terrains et construire très-économique-
ment du reste (car en général la tannerie ne dépense pas assez pour ses machines, et beaucoup trop
pour les bâtiments qui les renferment), les appareils
à vapeur doivent être placés à la fabrique.

La chute d'eau, le moulin et les granges seront
sous-loués ou utilisés pour une autre industrie. Cependant, si on y trouvait un avantage réel, on pourrait
emmagasiner les écorces dans les anciennes granges
du moulin et les apporter à la fabrique au fur et à
mesure des besoins.

CHAPITRE II

CHAUFFAGE A LA TANNÉE.

La tannée est un combustible inférieur à la houille, au coke, aux huiles minérales, au bois et à la tourbe, surtout si l'on tient compte de son grand volume.

Pour l'industrie en général, il n'y aurait pas intérêt à employer la tannée comme combustible, malgré son prix très-peu élevé, à cause du faible calorique qu'elle développe et des frais de transport et d'emmagasinage qui la grèvent.

Pour la tannerie, il en est tout autrement. Car il n'est plus question alors ni de prix d'achat ni de frais de transport. Au contraire, la tannée est un résidu inutile et même gênant qu'il faut utiliser, et qui, tout en économisant des frais considérables de charbon, produit des cendres abondantes et d'une certaine valeur dans les campagnes.

La tannée peut brûler étant mouillée au sortir des fosses, ou en partie essorée ou complétement sèche.

La tannée mouillée ne brûle qu'après s'être séchée dans le foyer même, aux dépens des couches en ignition. L'eau, qui s'évapore en grande quantité, produit un abaissement de température dans les fourneaux, d'où il résulte que la tannée mouillée ne peut donner assez de calorique pour chauffer une chaudière à vapeur.

La tannée ne peut être bien séchée que par l'étendage à l'air; les moyens mécaniques les plus énergiques n'enlèvent l'eau qu'elle renferme que d'une manière incomplète. L'étendage à l'air est une opération longue et coûteuse; d'ailleurs la tannée trop sèche ne tient pas au feu, brûle trop vivement et est entraînée par le courant d'air nécessaire à la marche des chaudières.

C'est donc à l'état légèrement humide ou essoré que la tannée doit être employée dans les fourneaux; et par là nous entendons un état tel qu'en comprimant fortement dans la main une poignée de tannée il n'en sorte pas d'eau, mais que la main soit humectée.

On obtient la tannée essorée soit en l'exposant légèrement à l'air, soit en la comprimant dans des appareils mécaniques appelés *presses*.

Dans les petites localités, où les terrains et la main-d'œuvre ont peu de valeur, il peut y avoir avantage à faire sécher la tannée en plein air. Mais il n'en est pas de même dans les grands centres, où l'on ne saurait disposer de vastes emplacements pour l'étendage et où l'on est forcé, par conséquent, de recourir aux appareils mécaniques.

On emploie aujourd'hui, pour l'essorage de la tannée, deux genres de presses : l'une à cylindres compresseurs, pour laquelle M. Bréval a pris un brevet d'invention; l'autre à plateaux avec pression hydraulique, employée à Château-Renault, en l'usine de M. Placide Peltereau.

A notre avis, c'est à M. Sueur, l'un des principaux industriels de la tannerie parisienne, et à M. Bréval, constructeur mécanicien, qu'est dû l'emploi de la tannée essorée au chauffage des chaudières à vapeur et des calorifères; car avant leurs travaux les résultats obtenus étaient sans valeur. Et sans doute c'est là la plus utile innovation faite dans la tannerie depuis quelques années.

Presse à sécher la tannée, de M. Bréval.

La presse de M. Bréval se compose de trois cylindres horizontaux compresseurs placés, deux l'un au-dessus de l'autre et le troisième en arrière, et entre lesquels passe la tannée mouillée. Le dernier cylindre inférieur est lisse et tourne dans des coussinets fixes, tandis que le cylindre supérieur correspondant est cannelé et porté par des coussinets mobiles. Les cannelures aident à l'entraînement de la matière, et la mobilité du cylindre supérieur permet le passage aux couches de tannée plus ou moins épaisses, tout en maintenant sur ces couches une pression très-grande et constante déterminée par des leviers doublés à contre-poids agissant sur les coussinets mobiles. Le troisième cylindre est aussi cannelé, et la compression de la tannée a lieu d'abord entre lui et le cylindre supérieur.

L'ensemble de la machine est porté par deux forts bâtis en fonte solidement entretoisés; et un arbre moteur muni de poulies et de volant commande, par engrenages à mouvement retardé, les trois cylindres, qui tournent, ceux du bas dans un sens, celui du haut en sens contraire.

La tannée peut être prise mouillée, au sortir des

fosses ou des cuves, et jetée à la pelle dans une trémie d'où elle passe entre le cylindre supérieur et celui de l'arrière. Elle sort sur une plaque inclinée d'où elle tombe dans des paniers pour être portée au fourneau ou au magasin ; tandis que l'eau extraite, filtrant à travers une plaque séparatrice dans une cuvette inférieure, s'écoule latéralement pour être conduite soit dans les fosses mortes, soit au dehors.

M. Bréval construit aujourd'hui deux modèles de presses.

La plus grande, dont le prix est de 3 000 francs, peut essorer en dix heures 12 à 15 mètres cubes de tannée avec la force de 1 cheval et demi et le service d'un homme.

La plus petite est du prix de 2 200 francs.

L'eau extraite, qui renferme cependant un peu de tannin et divers produits, n'est pas généralement utilisée. C'est là une perte réelle qui doit attirer l'attention des tanneurs et des chimistes.

Presses à plateaux.

Nous avons vu dans la tannerie de M. Placide Peltereau, à Château-Renault, une presse hydraulique triple actionnée à la vapeur, servant à l'essorage de la tannée, et qui nous a paru donner des résultats assez satisfaisants.

Il est certain que si les presses à cylindre sont d'un mouvement mécanique plus facile, plus régulier et donnent une pression plus considérable, parce qu'elles n'agissent que sur une très-petite surface à la fois, d'un autre côté les presses à plateaux peuvent être manœuvrées par des hommes au moyen de pompes hydrauliques et laissent subsister plus long-temps la pression sur la tannée. Mais ces dernières ont l'immense inconvénient d'exiger l'interruption du travail pour charger et décharger les réservoirs de compression.

En définitive, les presses à cylindre de M. Bréval, d'un usage si facile, doivent être préférées dans toutes les tanneries pourvues d'un moteur hydraulique ou à vapeur ; tandis que dans les petits établissements on pourrait avec avantage se servir de presses à plateaux, dont les coffres auraient la forme de deux cylindres concentriques et perforés de trous, dont la pression serait donnée par une pompe hydraulique ou par des leviers à articulation combinée, et dont la manœuvre se ferait à bras d'homme.

Foyers à brûler la tannée.

Nous avons dit qu'il convenait d'employer au chauffage de la tannée légèrement humide, c'est-à-dire essorée ou débarrassée de la plus grande partie de son eau.

Depuis vingt ans environ le chauffage de quelques chaudières se faisait à la tannée humide mélangée au charbon. Depuis cinq à six ans seulement on a réussi à supprimer le charbon d'une manière complète et régulière.

Ce progrès est dû à M. Bréval, dont les presses ont permis d'obtenir une grande quantité de tannée régulièrement essorée, à certaines dispositions spéciales qui ont été adoptées pour les foyers, et surtout à ce que l'on a reconnu la nécessité de donner, pour un combustible inférieur à résidus abondants, un grand développement aux chaudières, aux foyers et aux carneaux.

Les dispositions adoptées généralement pour le chauffage à la tannée consistent soit dans un foyer placé en avant de la chaudière et où se fait la combustion, soit dans deux foyers latéraux sur lesquels descend la tannée au moyen de puits.

Ces deux dispositions étaient connues depuis long-temps. Mais elles ont été perfectionnées ces dernières années par M. Ruelle, fumiste, et M. Bréval, constructeur de machines.

M. Ruelle donne à sa grille une très-grande largeur et la divise en trois foyers parallèles séparés entre eux par des cloisons en briques et munis chacun d'une porte et d'un cendrier.

Le foyer du milieu sert à brûler du charbon, tandis que les foyers latéraux servent à la combustion de la tannée, qui y est amenée naturellement par deux puits verticaux venant déboucher sur la plate-forme du massif de la chaudière.

Ces puits sont fermés à leur partie supérieure par une porte en fonte ou en tôle que l'on ouvre pour les charger. La tannée y descend d'elle-même, et à la partie inférieure un plan incliné la renvoie sur la grille.

M. Bréval qui a surtout perfectionné les fourneaux à brûler la tannée, dans lesquels le foyer se trouve en avant de la chaudière, a adopté pour la grille une forme spéciale de barreaux à double pente, pour augmenter la surface d'arrivée de l'air qui débouche par une infinité de petits trous ménagés sur chacune de ces pentes.

Dans la disposition adoptée par ce constructeur, le foyer est formé en arrière par le massif même de la chaudière, et latéralement par deux murs en briques réfractaires ; en avant se trouve la plaque de devanture avec portes pour les grilles et le cendrier.

Le foyer comprend : à la partie inférieure, le cendrier ; au milieu, mais en contre-bas des bouilleurs, la grille avec barreaux à double pente ; au-dessus, la chambre ou coffre à tannée, séparé de la grille par deux gros tubes en fonte, creux et affectant la forme d'un triangle à pointes arrondies avec voûte à la partie, inférieure.

Ces deux tubes, qui sont parallèles aux bouilleurs, divisent le dessous du coffre en trois parties par lesquelles tombe la tannée au fur et à mesure de la combustion. En outre, ils s'échauffent, rougissent et enflamment les gaz incomplétement brûlés sur la grille ; ils sont d'ailleurs préservés d'une trop grande chaleur par le contact de l'air qui circule à leur intérieur.

En dessous de ces tubes le mur de fermeture du massif de la chaudière est percé de deux trous carrés de 22 à 25 centimètres de côté, par lesquels la flamme du combustible passe pour se répandre sous les bouilleurs et dans les carneaux.

Le coffre dans lequel on jette la tannée présente en arrière un registre dont l'ouverture permet le nettoyage des bouilleurs ; deux portes en tôle à charnière le ferment à la partie supérieure.

La disposition que nous venons de décrire a été

appliquée avec beaucoup de succès par M. Bréval non-seulement aux chaudières, mais encore aux calorifères employés dans les fabriques de cuirs.

Dans ce dernier cas, le foyer à brûler la tannée se place en avant du calorifère, et la flamme passe de la grille sous la cloche, tandis que l'air qui a pénétré dans les tubes creux et s'y est déjà échauffé, se rend dans les chambres, où il acquiert une très-grande chaleur.

Nous pensons que l'un des grands avantages des dispositions que nous venons de décrire est de supprimer l'ouverture trop fréquente des portes du foyer, nécessitée dans les fourneaux ordinaires par le chargement et la conduite d'un combustible très-léger, ne tenant pas au feu et formant des vides ; car ces ouvertures fréquentes des portes déterminent l'introduction dans les carneaux d'une grande quantité d'air, cause de refroidissement pour les chaudières.

Toute disposition simple qui amènerait la tannée sur la grille du foyer d'une manière régulière et sans ouverture des portes pourrait donc être aussi bonne que celles employées actuellement.

Notre intention était de donner ici quelques notions sur les prix des divers appareils à vapeur, sur leur installation, leur mise en marche, leur réception et leur conduite. Mais ces notions trouveront mieux leur place dans l'ouvrage spécial sur les appareils à vapeur dont nous avons déjà parlé.

DEUXIÈME PARTIE

MATÉRIEL DE LA TANNERIE

DEUXIÈME PARTIE

MATÉRIEL DE LA TANNERIE

CHAPITRE I

TANNAGE DES PEAUX

Les peaux sont formées d'une matière animale que l'ébullition dans l'eau transforme aisément en gélatine. Dans les lieux humides, elles s'imprègnent d'eau et se putréfient rapidement, tandis que dans les lieux secs et bien aérés elles se dessèchent et deviennent dures, cassantes et faciles à user par le frottement.

L'opération du tannage a pour but de combiner la matière animale avec une certaine quantité de tannin, qui rend les peaux imputrescibles, leur donne de la souplesse et de l'imperméabilité : ces deux dernières qualités sont du reste augmentées par le battage et le corroyage.

Le tannin existe dans presque tous les végétaux, dans l'écorce des arbres, dans leurs feuilles, dans les pepins des fruits. Le chêne, le marronnier, l'orme, le saule, le sapin en contiennent des quantités notables.

En France on l'extrait généralement de l'écorce de chêne.

L'écorce est enlevée sur pied, au moment de la séve, en longues bandes verticales qui se détachent aisément après qu'on a opéré deux saignées circulaires et horizontales. Elle est séchée lentement à l'ombre, puis livrée en bottes aux tanneurs.

Depuis quelques années M. Joseph Maitre exploite un procédé pour lequel il a pris un brevet d'invention, et grâce auquel il est possible de détacher l'écorce en toute saison.

Par ce procédé, qui porte le nom d'*écorcement des bois à la vapeur*, on peut opérer sur des bois abattus hors du temps de séve.

Ce résultat, qui ne laisse aujourd'hui aucun doute sous le rapport de la qualité des écorces, ainsi qu'il résulte d'expériences faites dans plusieurs tanneries, mérite de fixer l'attention des agents forestiers et des tanneurs. Car c'est en partie par suite de la nécessité d'opérer au moment de la séve que l'administration des forêts a fait restreindre le nombre ou l'étendue des coupes livrées à l'écorcement.

Les peaux sont remises au tanneur dans trois états différents : vertes ou fraîches lorsqu'elles sortent presque immédiatement de la boucherie ; salées et desséchées lorsqu'elles sont expédiées de contrées lointaines, particulièrement de l'Algérie et de l'Amérique du Sud.

Les peaux sont d'abord lavées dans une eau courante pour les ramollir, les dessaigner et leur enlever les principes solubles. Cette opération dure deux à trois jours pour les peaux fraîches, huit à quinze jours pour les peaux salées et desséchées, qu'il faut fréquemment fouler et étirer à bras ou avec des machines spéciales.

Après le dessaignage, les peaux sont portées à l'atelier de pelanage, qui se compose de cinq bassins en pierre contenant un lait de chaux plus ou moins fort. Le premier bassin contient le pelain mort, lait de chaux le plus faible ; le cinquième contient le pelain neuf revivifié par de la chaux éteinte et tamisée.

Le pelanage, qui dure de deux à trois semaines, a pour but de préparer les peaux au débourrage ou à l'épilage, qui consiste à enlever le poil en râclant la peau avec un couteau émoussé, dit *couteau rond*, ou en la portant sur la machine à ébourrer.

Après un lavage à l'eau, les peaux épilées sont mises sur le chevalet, où elles subissent quatre opérations consécutives :

L'écharnage et le rognage, qui consistent à enlever avec des couteaux tranchants à lame circulaire les restes de chair, les impuretés et les surépaisseurs inutiles des extrémités ;

L'adoucissage de la fleur ou côté du poil qu'on obtient en passant sur la peau une pierre à affûter dite *queurse ;*

Enfin le nettoyage, que l'on opère successivement des deux côtés avec un couteau sans affût à lame circulaire.

A la fin du nettoyage, les eaux de lavage doivent sortir bien limpides.

Les opérations qui précèdent peuvent du reste être effectuées par les machines à travail de rivière.

Les peaux nettoyées sont soumises au gonflement.

A cet effet, elles sont plongées dans une cuve contenant de la jusée ou infusion de tan épuisé par le tannage des peaux dans les fosses, infusion qui est légèrement acide. On relève les peaux chaque jour, en ayant soin à chaque fois de les agiter après avoir ajouté de la tannée dans la dissolution. Après un travail de trois jours, on laisse reposer pendant le même temps ; puis on plonge les peaux dans une dissolution de tan neuf dont on augmente peu à peu la force tout en agitant ; enfin on laisse reposer huit à quinze jours.

Les peaux gonflées sont prêtes à subir l'opération du tannage, qui s'opère dans de grandes fosses en bois ou en maçonnerie bien étanches, de forme cylindrique à section ronde ou carrée, et enfoncées dans le sol.

On dispose au fond de la fosse une couche de vieux tan de 15 centimètres et par-dessus une couche de tan neuf de quelques centimètres ; puis on place les peaux successivement les unes sur les autres, en les séparant par du tan neuf ; en dernier lieu, on forme une couche de tan de 30 à 35 centimètres, et on charge au moyen de planches et de pierres.

On fait arriver dans les fosses de l'eau chargée de tan qui humecte les diverses couches et transporte sur les peaux la matière tannante qui doit se combiner avec elles.

On relève les peaux pour les disposer en ordre inverse, c'est-à-dire celles du fond au-dessus et réciproquement, et on les couche ainsi en fosse plusieurs fois suivant leur force.

Pour faire des cuirs mous, on emploie des peaux de

veau, de vache ou de cheval ; on les laisse séjourner de quatre à dix mois dans les fosses.

Les peaux de cheval sont quelquefois tannées à la flotte. Cette opération, qui donne lieu à des produits inférieurs, dure trois à quatre semaines et se fait, comme le travail des cuves ou la mise en jusée, avec des dissolutions de tan de plus en plus fortes.

Pour faire des cuirs forts, on se sert de peaux de bœuf ou de buffle. Le pelanage est remplacé par une fermentation putride obtenue en soumettant les peaux à l'action de la vapeur d'eau dans une étuve entretenue à 25 degrés environ. Le gonflement à la jusée, qui serait assez long, est quelquefois accéléré par l'addition d'acide dans les dissolutions. Le tannage en fosse dure de dix-huit à vingt mois, et le cuir tanné est soumis à un laminage ou martelage qui resserre les pores et augmente la fermeté et l'imperméabilité.

———

CHAPITRE II

Les tanneurs emploient généralement pour le tannage des cuirs l'écorce de chêne blanc, rouge ou vert; en Suisse, en Prusse, en Autriche on se sert aussi d'écorces de sapin ou de bouleau. Enfin, depuis quelques années, on a essayé en France le tannage au bois de chêne et de châtaignier, et ce dernier produit a donné à Lyon de bons résultats.

Nous nous occuperons d'abord des machines qui servent au broyage des écorces de chêne.

Les écorces de chêne sont employées soit en grains ou écossons, c'est-à-dire en morceaux plus ou moins longs, pour faire des jus, soit en poudre plus ou moins fine, appelée *tan*, pour le tannage.

Les écossons étaient obtenus autrefois à la main avec une serpe ou hachette ordinaire, ou avec un couteau sécateur à plusieurs lames.

Ce couteau se composait d'un châssis fixe formé de plusieurs lames ou couteaux et d'un châssis mobile à charnière autour du premier et portant un même nombre de lames. L'écorce était posée entre les deux châssis. Puis, le châssis mobile étant rabattu au moyen d'une poignée placée à l'extrémité opposée à celle de la charnière, l'écorce se trouvait coupée en plusieurs morceaux par le croisement des couteaux.

Aujourd'hui on emploie exclusivement, pour obtenir des écossons, le hachoir ou coupe-écorces.

Hachoir ou coupe-écorces.

Cet instrument se compose d'un tambour porte-lames animé d'une grande vitesse et d'un appareil alimentaire à vitesse modérée, réunis ensemble sur un bâti double en fonte, lequel se prolonge et s'attache soit sur le sol ou le plancher, soit sur un fort bâti en bois. Le tambour porte-lames ou travailleur est formé de deux plateaux en fonte portant deux, quatre ou six couteaux en acier trempé, inclinés et tordus en hélice ; ce tambour est fixé sur l'arbre moteur, lequel est muni d'un volant puissant, de poulies fixe et folle et d'un engrenage à mouvement ralenti pour la commande de l'alimentation. L'appareil alimentaire est formé de deux rouleaux cannelés placés horizontalement l'un au-dessus de l'autre et tournant en sens inverse, de manière à attirer tout corps libre qui serait engagé entre eux. L'arbre moteur commande le rouleau inférieur qui entraîne à son tour le rouleau supérieur au moyen d'engrenages à très-longues dents. Ces longues dents sont nécessaires, car l'écartement des rouleaux varie suivant l'épaisseur des écorces qui passent entre eux.

Les écorces étant posées sur une table s'engagent dans l'appareil alimentaire, sont entraînées et maintenues serrées en même temps par l'action de ressorts ou contre-poids appuyant le rouleau supérieur sur l'inférieur ; elles arrivent ainsi sur une petite table étroite résistante, garnie d'acier trempé et sur le bord de laquelle elles sont coupées par les lames du tambour travailleur.

La longueur des écossons dépend de l'engrenage qui commande l'appareil alimentaire ; il est donc facile d'obtenir la longueur que l'on désire.

Pour appuyer le rouleau supérieur, on employait autrefois de grands leviers avec contre-poids à leur extrémité ; le mouvement des hachoirs étant très-rapide, ces leviers avaient l'inconvénient de se soulever, de tressauter constamment, ce qui était dangereux, incommode et produisait de grandes variations dans la pression. On se sert actuellement de ressorts soit à boudin, soit à lames flexibles. Les ressorts à lames flexibles, que nous avons employés pour les hachoirs que nous avons construits, formés de bandelettes d'acier, ont l'avantage d'être très-énergiques, d'une grande durée et de pouvoir se tendre et se détendre à volonté ; leurs extrémités s'appuient sur les coussinets du rouleau supérieur, tandis que le cadre du milieu est relié à une vis filetée dans la traverse supérieure des bâtis et munie d'un petit volant à main.

Les écossons coupés par le hachoir tombent sur un plan incliné qui les conduit soit aux moulins, soit dans des sacs, soit dans un réservoir.

Nous donnons ici la règle au moyen de laquelle on peut déterminer le rapport de l'engrenage pour obtenir une longueur voulue aux écossons.

Nous nommerons :

P, le nombre de couteaux du tambour ;

C, la circonférence de l'un des rouleaux alimentaires, laquelle est égale à son diamètre multiplié par 3,14...;

L, la longueur des écossons;

E, la distance des centres de l'arbre moteur et de l'arbre du rouleau inférieur;

N, le nombre de dents de la roue d'engrenage;

n, le nombre de dents du pignon d'engrenage;

D, le diamètre de la roue d'engrenage au contact des dents;

d, le diamètre du pignon d'engrenage au contact des dents;

R, les rapports $\dfrac{N}{n}$ et $\dfrac{D}{d}$, qui sont les mêmes.

Nous rappelons que le pignon d'engrenage se trouve sur l'arbre du tambour travailleur et la roue sur l'arbre du rouleau.

On a la formule suivante :

$$N \times L \times P = C \times n,$$

d'où l'on déduit pour la longueur des écossons :

$$L = \frac{C}{R \times P};$$

et pour le rapport des dents ou des diamètres de l'engrenage :

$$R = \frac{C}{L \times P}.$$

Premier exemple. — Supposons que les rouleaux alimentaires aient un diamètre de 150 millimètres, c'est-à-dire une circonférence de 470 millimètres, que le nombre P des couteaux soit de 4, que le rapport R de l'engrenage soit de 4,2, on aura, pour la longueur des écossons :

$$L = \frac{0^m,470}{4 \times 4,2} = \frac{0^m,470}{16,8} = 28 \text{ millimètres.}$$

Deuxième exemple. — Supposons que les rouleaux alimentaires aient un diamètre de 120 millimètres, c'est-à-dire une circonférence de 377 millimètres, que le nombre P des couteaux soit de 6, que la longueur L demandée pour les écossons soit de 20 millimètres, on aura, pour le rapport R de l'engrenage :

$$R = \frac{0^m,377}{0^m,02 \times 6} = \frac{0^m,377}{0^m,120} = 3,14.$$

Si l'on veut, d'après ces formules, connaître les diamètres de la roue et du pignon, l'écartement des centres étant appelé E, on aura :

$$E = \frac{D + d}{2} \text{ et } R = \frac{D}{d} ;$$

d'où l'on déduit :

$$D = \frac{2 E \times R}{R + 1} \text{ et } d = 2 E - D.$$

Ainsi, dans le deuxième exemple, si l'on a E = 360 millimètres, on obtient :

$$D = \frac{0^m,720 \times 3,14}{4^m,14} = \frac{2^m,26}{4^m,14} = 546 \text{ millimètres,}$$

et $\qquad d = 0^m,720 - 0^m,546 = 174 \text{ millimètres.}$

Généralement les écossons sont coupés à une longueur de 27 millimètres, mais nous pensons préférable de ne leur donner qu'une longueur de 18 à 20 millimètres, ce qui simplifie le travail des noix et augmente leur production.

Lorsqu'un tanneur désire avoir des écossons de deux longueurs différentes, il doit se munir pour son hachoir de deux engrenages de rapports différents.

TRITURATION DES ÉCORCES.

Les machines employées pour réduire l'écorce en poudre sont assez nombreuses. On peut les diviser en deux genres : celles qui prennent les écorces entières ou en cannelle, et celles qui prennent les écorces à l'état d'écossons.

Le premier genre comprend les moulins à pilons et les moulins à scies.

Le deuxième genre comprend les noix et les meules verticales ou horizontales.

Moulins à pilons.

Les moulins à pilons, qui étaient autrefois d'un usage presque général, se composent d'une auge en bois longitudinale, dans laquelle on place quelques bottes d'écorces, et d'une rangée de pilons en bois garnis de couteaux à leur partie inférieure. Ces pilons alternativement sont soulevés par les cames d'un arbre horizontal, et alternativement retombent dans l'auge sur les écorces qu'elles divisent et finissent par réduire en poudre. La courbure de l'auge doit être telle que les écorces puissent marcher, c'est-à-dire tourner sur elles-mêmes en se présentant successivement à l'action des pilons.

Le tan produit par les pilons est très-fin, mais de nature granuleuse ; presque toujours il est mélangé de gros morceaux d'écorce qui ont échappé à l'action des couteaux et qui produisent des fossettes dans les cuirs ; néanmoins beaucoup de tanneurs, surtout ceux qui travaillent les veaux, préfèrent la poudre des pilons à toutes les autres.

Moulins à scies.

Les moulins à scies sont aujourd'hui fort nombreux. Les premiers employés ont été construits à Nantes et étaient à mouvement alternatif.

Radulateurs.

Les machines appelées *radulateurs* se composent : 1° d'une série de scies inclinées séparées les unes des autres par un intervalle de 1 centimètre environ et animées d'un mouvement vertical de va-et-vient très-rapide, qui leur est donné par une bielle et une manivelle fixée sur un arbre tournant avec une grande vitesse ; 2° d'un appareil alimentaire semblable à celui des hachoirs et commandé, au moyen d'un renvoi et d'un engrenage, par l'arbre moteur ; on comprend que l'écorce, étant présentée sur une trémie en avant de l'appareil alimentaire, est entraînée par les cylindres cannelés et amenée en présence des scies qui la râpent en la divisant. Pour que l'écorce ne fléchisse pas sous l'action des scies, elle est maintenue au sortir des cylindres entre une table et une contre-table.

Le produit obtenu avec les radulateurs est très-estimé de la tannerie. Les inconvénients de ces machines sont de faire peu de travail, de s'engorger quelquefois et de se détériorer promptement par suite de la rapidité du mouvement de va-et-vient.

Moulins à scies circulaires.

Après les radulateurs, plusieurs constructeurs ont imaginé de remplacer les scies à mouvement alternatif par des scies circulaires à mouvement continu. On comprend en effet que le travail doit être à peu près le même dans les deux cas et que l'on doit éviter, par le mouvement circulaire continu, les causes de dislocation.

Dans l'un comme dans l'autre des systèmes, il est essentiel que les scies travaillent obliquement, car autrement elles réduiraient les écorces en lanières et non en poudre. Pour obtenir cette obliquité, plusieurs dispositions ont été adoptées.

M. Molard, de Lunéville, et M. Copeau, de Metz, ont disposé leurs scies en hélice en les coupant suivant un rayon.

M. Jarlot, de Nantes, a simplement placé les scies obliquement sur l'arbre moteur, et il les a maintenues en cette position par des rondelles coniques.

Cette dernière disposition nous paraît la meilleure, parce qu'elle est la plus simple, si toutefois on a le soin de tourner le tambour à scies tout garni, afin de faire disparaître la différence de diamètre occasionnée par l'inclinaison. Car une des conditions essentielles d'un bon travail pour tous les moulins à scies est que toutes les pointes passent aussi près que possible de la table de coupe, sans toutefois y toucher.

Nous avons fait établir dans les tanneries de Mont-jean et de Candé (Maine-et-Loire) deux moulins du système Jarlot avec des scies circulaires de 30 centimètres de diamètre et qui fonctionnent d'une manière très-satisfaisante.

Le produit obtenu en général avec les moulins à à scies circulaires continues est analogue à celui des radulateurs ; mais il n'est pas beaucoup plus abondant, parce que l'on ne peut donner aux scies un grand diamètre sans augmenter considérablement le prix de la machine.

Moulins à scies chevauchées.

C'est cette considération qui nous avait déterminé à construire des moulins dans lesquels le tambour était composé de segments de scie ; par *segment* nous entendons une partie de l'espace compris entre deux circonférences concentriques.

Nous avons appelé ces machines *moulins à scies chevauchées*, parce que les segments de scie, ainsi que nous l'indiquerons, sont inclinés successivement à droite et à gauche.

Nos moulins se composent : 1° d'un tambour travailleur animé d'une grande vitesse et fixé sur l'arbre moteur, lequel est muni d'un volant et de poulies de commande ; 2° d'un appareil alimentaire semblable à celui des hachoirs, formé de deux cylindres cannelés entraîneurs, celui du dessous recevant la commande de l'arbre moteur par renvoi et engrenage, et commandant, par pignons à longues dents, celui de dessus, qui peut se relever suivant l'épaisseur des écorces qu'il tient constamment pressées grâce à l'action d'un puissant ressort à lames d'acier.

L'ensemble du tambour travailleur et de l'appareil alimentaire est porté par deux bâtis en fonte solidement reliés entre eux et boulonnés sur les poutres du plancher.

Une table de coupe en fonte dure est placée à la suite de l'appareil alimentaire, et c'est le long de cette table que se fait la trituration de l'écorce sous l'action des scies.

Généralement on place les moulins à scies ainsi que les radulateurs au premier étage sur des poutres très-solides maintenues par des entretoises et des étais.

Le tambour travailleur est recouvert d'une capote en bois. Les écorces sont présentées sur une table ou trémie en bois garnie de tôle, et le tan tombe dans un couloir incliné pour de là être conduit dans les sacs ou dans le réservoir à poudre.

La construction du tambour travailleur demande beaucoup de soins.

Dans nos moulins nous avons adopté une disposition extrêmement simple, qui est la suivante.

Une poulie en fonte tournée, fixée sur l'arbre moteur, porte à ses deux extrémités deux ronds en tôle forte dont le diamètre dépasse celui de la poulie de

3 à 4 centimètres et qui sont percés, près de leur contour extérieur, de trous pour le passage de boulons. On place sur la poulie plusieurs rangées, en nombre pair, de segments de scies séparés les uns des autres par des intercales en bois dur ou en métal d'une épaisseur de 1 centimètre environ, chaque rangée étant enfilée dans deux boulons passant dans les ronds en tôle et serrés fortement. Les segments de scie sont tenus inclinés par les intercales d'extrémité qui sont coniques ; et chaque rangée successive s'incline dans un sens différent, de manière à donner dans la rotation des lignes en zigzag ou chevauchées. L'inclinaison des scies, tantôt dans un sens, tantôt dans l'autre, est nécessaire pour empêcher la formation des filaments ou lanières.

Le produit de nos moulins à scies est très-abondant, parce que l'emploi des segments permet de donner au tambour travailleur un grand diamètre. Il est également très-fin et très-délié, les fibres étant divisées complétement dans le sens de leur longueur. Ce produit est celui qui donne au pèse-tannin les résultats les plus élevés, ce qui prouve qu'il est le plus convenable pour l'extraction complète et rapide du tannin ; mais les ouvriers lui préfèrent la poudre plus courte, parce qu'elle est plus facile à employer pour coucher en fosse.

Depuis nous, M. Fontsauvage, tanneur à Thiers, a construit des moulins qui ne diffèrent de ceux de notre système qu'en ce que les segments de scie sont fixés, au moyen de vis et de bandelettes, sur la poulie-tambour. M. Fontsauvage adopte aussi pour sa denture une forme moins déliée qui donne un produit plus court mais plus grossier.

L'affûtage des scies, qui au premier abord paraît très-long et très-difficile, est fort simple dans nos moulins, à cause de la très-grande facilité de montage et de démontage. Cet affûtage peut être fait par tout ouvrier et coûte environ le tiers du prix de retaillage d'une noix.

Moulins à scies-couteaux.

Nous avons construit également des moulins à scies-couteaux, qui ne sont autre chose que des hachoirs dans lesquels la vitesse de l'appareil alimentaire est très-faible et les couteaux du tambour-travailleur très-nombreux et très-rapprochés ; on entremêle ces couteaux de couteaux-scies dont le biseau porte une denture.

Le produit de ces machines est très-abondant, mais granuleux et moins fin que celui des radulateurs et des moulins à scies chevauchées. Cependant, comme ces machines sont simples à établir et peuvent donner successivement soit des écossons, soit de la poudre, elles sont peut-être destinées à un certain avenir, et nous les recommandons à l'attention des constructeurs.

DES MEULES ET DES NOIX.

Meules horizontales.

Les meules horizontales sont surtout employées dans le nord de la France.

Elles ont la même disposition que les meules à blé, c'est-à-dire qu'elles sont composées de deux meules en pierre dure, l'une inférieure, immobile ou dormante ; l'autre supérieure, mobile autour d'un axe vertical.

Dans les meules pour le tan, l'entrée circulaire et l'excavation intérieure sont un peu plus grandes que dans les meules à blé. Les écorces, préalablement coupées en écossons, sont amenées par une trémie dans cette entrée, pénètrent entre les deux meules et en sortent par le pourtour à l'état de tan.

Le produit obtenu avec les meules horizontales est très-régulier. Il est un peu filamenteux, mais il est facile d'y remédier en coupant les écossons très-courts.

Le plus grand inconvénient de cette machine est de s'encrasser, de s'engorger et d'échauffer l'écorce par le frottement, surtout lorsque celle-ci est un peu humide.

Meules verticales.

Les meules verticales sont employées dans le midi de la France pour les écorces de chêne vert.

Généralement cette machine se compose d'une ou de deux meules verticales en pierre dure ou en fonte roulant autour d'un même arbre horizontal dans une auge en fonte percée de petits trous par lesquels s'écoule la poudre. L'arbre horizontal et par suite les meules sont entraînées par le mouvement d'un arbre vertical.

Les écorces sont jetées en morceaux ou écossons

dans l'auge et ramenées par des râteaux sous les meules qui les broient en roulant et glissant. Le produit obtenu étant extrêmement fin, il est essentiel de bien envelopper les meules et l'auge.

Les meules verticales ne conviennent du reste que pour des écorces très-sèches et très-friables.

DES NOIX.

La noix est aujourd'hui la machine la plus généralement adoptée pour le broyage des écorces.

La noix n'est autre chose qu'un gros moulin à café ou un moulin à plâtre.

Elle se compose donc d'une cloche en fonte fixée sur un arbre vertical animé d'un mouvement de rotation qui lui est transmis au moyen d'un engrenage par un arbre horizontal portant poulies fixe et folle, et d'une enveloppe fixe ou boisseau également en fonte.

La cloche et le boisseau, en fonte demi-dure afin de ne pas s'user trop vite et de pouvoir être retaillés, portent à leur partie supérieure de grosses dents de diverses longueurs, et à leur partie inférieure des dents beaucoup plus fines. Ces dents sont inclinées, celles de la cloche dans un sens, celles du boisseau en sens contraire, et leur arête doit être taillée en biseau trapu.

La noix étant de forme conique, tandis que le boisseau est cylindrique dans le haut et conique seulement dans le bas, on comprend que l'écartement des dents est d'autant plus faible qu'on s'approche davantage de la partie inférieure.

Les écossons jetés dans le boisseau sont entraînés par le mouvement de la cloche, s'engagent entre les deux pièces, se désagrégent à la partie supérieure sous l'action des grosses dents et se réduisent en poudre à la partie inférieure sous l'action des petites dents.

On suspend généralement les noix au-dessous du plancher du premier étage, de manière à pouvoir conduire facilement les écossons dans le boisseau, soit à la sortie du hachoir, soit en les jetant à la pelle. Le produit est reçu, par un couloir attaché sous le boisseau, dans des sacs ou dans le magasin à tan. Mais il est essentiel que le boisseau et les arbres de la cloche soient solidement maintenus.

On peut obtenir avec la noix un produit plus ou moins fin en rapprochant plus ou moins la cloche de son enveloppe, ce qui est facile au moyen d'une vis de butée placée sous la crapaudine de l'arbre vertical ; car, en tournant cette vis dans un sens ou dans l'autre, on élève ou on abaisse cet arbre et par suite la cloche.

Les arbres et l'engrenage sont souvent gênants pour l'entrée et la sortie de la poudre.

Néanmoins, une condition essentielle étant une grande stabilité pour l'arbre vertical, afin qu'il soit toujours au centre du boisseau, nous recommandons de donner à cet arbre une longueur suffisante pour qu'il traverse dans toute leur hauteur le rez-de-chaussée et le premier étage. Il sera supporté au rez-de-sée par une crapaudine reposant sur un fort dé en pierre, guidé sous le plancher par une arcade fixée au boisseau et maintenu à sa partie supérieure par un fort palier. Dans cette disposition, l'engrenage et l'arbre horizontal seront placés sous le plancher du second étage et ne gêneront en rien la manœuvre des écorces.

On a cherché, en Angleterre, à remplacer dans les noix les dents en fonte par des dents en acier rapportées, s'engageant dans des rainures venues à la fonte et maintenues par un assemblage à queue d'hironde.

A notre avis, l'avantage qui en résulte est bien compensé par l'augmentation de prix de l'outil, et nous engageons plutôt les tanneurs à se munir de deux noix, dont une sera en fonction et l'autre tenue en état pour le cas d'arrêt par suite de réparation ou de retaillage.

Nous recommandons surtout la mise sur le tour de la cloche et du boisseau, avant et après le retaillage des dents, afin de s'assurer que ces pièces tournent bien rond.

Le produit de la noix est à notre avis inférieur à celui des moulins à scies et des meules horizontales ; néanmoins il est généralement estimé.

Les noix ont l'avantage de ne pas se déranger facilement quand elles sont bien établies et de donner un produit très-abondant quand on dispose d'une grande force motrice. Elles ont, comme les meules, l'inconvénient de s'encrasser et d'échauffer les écorces quand celles-ci sont jeunes et humides. En outre, le retaillage exige beaucoup de soin et ne peut être confié qu'à un ouvrier expérimenté.

Quelquefois on réunit sur la même machine la noix et le hachoir, ce dernier étant placé au bord supérieur du boisseau. Cette disposition ne présente que des inconvénients ; car la marche du hachoir devant être alors réglée sur la production de la noix, il peut arriver que l'ouvrier chargé de placer les écorces fasse engorger la noix si la force motrice n'est pas assez grande; d'ailleurs, le plus souvent le hachoir doit fournir plus que la noix pour satisfaire à la fabrication des jus.

Noix à manége.

La noix travaille assez bien pour une vitesse très-lente, de trois à quatre tours par minute, celle d'un cheval au manége par exemple. Elle peut donc être conduite par un cheval à la condition d'y mettre peu d'écossons à la fois.

Les noix à manége sont généralement montées sur deux ou trois colonnes en fonte ou en bois reliées à leur partie inférieure par un châssis noyé dans le sol, et à leur partie supérieure par un croisillon qui reçoit en même temps l'arbre vertical sur lequel se fixe la flèche au-dessus de ce croisillon.

Comparaison des diverses machines à broyer les écorces.

Nous n'avons pas l'intention de recommander un système particulier de moulin à tan; plusieurs considérations doivent guider le tanneur dans son choix.

Si le produit des moulins à scies est le moins altéré, celui de la noix est le plus abondant pour les écorces sèches, et celui des pilons est le plus facile à étendre en fosses. En outre, les écorces ne se conservent pas en poudre, mais bien en écossons, et leur transport ainsi que leur emmagasinage en cet état est moins onéreux que celui des bottes ou cannelles.

Il y a donc souvent intérêt à couper immédiatement les écorces en écossons. Ce travail peut même être fait en forêt au moyen d'une locomobile à vapeur et d'un hachoir. Les tanneurs anglais, quelques-uns même de Paris, du Nord et de la Belgique achètent des écossons. Ce sont là des considérations qui peuvent engager à adopter la noix.

Toutes les machines employées à broyer les écorces font beaucoup de poussière, qui n'est autre que de la poudre extrêmement fine. Il est essentiel d'éviter cette poussière, parce qu'elle est gênante pour le service des machines et qu'elle constitue une perte réelle.

On diminue la poussière au moyen d'enveloppes en bois qui, lorsqu'elles sont bien faites, satisfont à peu près au but qu'on se propose.

Quelques tanneurs ont adopté aussi un aspirateur ou ventilateur aspirant qui appelle la poussière et la conduit par de larges tuyaux en bois dans des chambres fermées où elle se dépose.

Les machines à broyer les écorces peuvent marcher à une vitesse assez variable et donner un produit plus ou moins abondant suivant la force, la vitesse et l'état d'humidité et de division du produit.

Néanmoins nous avons cru qu'il serait utile de réunir dans un tableau comparatif placé à la fin de ce chapitre les forces, vitesses, rendements et prix approximatifs des divers systèmes.

Machines à gratter les vieilles écorces.

On emploie souvent, dans la tannerie, de gros morceaux d'écorces provenant d'arbres très-âgés. Ces grosses écorces sont très-riches en tannin ; mais elles sont recouvertes d'une croûte rugueuse qu'il faut enlever avant toute opération, parce que cette croûte, qui ne renferme pas de tannin, occupe du volume dans les fosses, affaiblit les jus, et dans la trituration s'écaille et se transforme en gros morceaux nuisibles.

Le grattage de la croûte des vieilles écorces se fait généralement à la main avec une serpe.

D'après l'idée qui nous en avait été donnée par M. Tresse, commissionnaire en tans à Paris, nous avons construit une machine à nettoyer les vieilles écorces.

Cette machine est une raboteuse circulaire.

Elle consiste en un tambour travailleur armé de couteaux horizontaux en acier, et en deux appareils alimentaires, l'un par devant pour amener les écorces, l'autre par derrière pour les retenir et empêcher qu'elles ne glissent sous l'action des couteaux.

Le tout est supporté par deux bâtis en fonte reliés par des entretoises, et reposant sur un fort bâti en bois. Par devant et par derrière une longue table en bois sert à soutenir les écorces à l'entrée et à la sortie.

Le tambour travailleur, qui reçoit le mouvement par poulie et qui commande par engrenages les appareils alimentaires, tourne avec une vitesse relative suffisante pour que les couteaux travaillent l'écorce dans toute sa longueur et n'y laissent pas de partie non dépouillée de sa croûte.

Sous ce tambour se trouve un cylindre lisse et tournant librement dans ses coussinets ; et l'espace laissé entre ce cylindre et les rouleaux inférieurs alimentaires est rempli par deux petites tables en fonte qui empêchent les écorces de fléchir.

Enfin les rouleaux alimentaires supérieurs sont appuyés par des ressorts, tandis que le tambour travailleur peut, au moyen de vis, s'abaisser ou se relever suivant l'épaisseur de la croûte que l'on veut enlever.

Les écorces, qui doivent être un peu humides pour ne pas se briser en morceaux et pouvoir s'aplatir, sont posées à plat sur le couloir d'entrée, la croûte étant en dessus ; elles s'engagent dans l'appareil alimentaire d'appel, puis entre le tambour travailleur et le contre-cylindre, et enfin dans l'appareil alimentaire de retenue ou de sortie, qui les abandonne sur la table d'arrière complétement dépouillées de leur croûte.

La production de cette machine est énorme ; son service est très-simple, mais elle ne peut être employée que dans les très-grandes usines ; dans les tanneries moyennes, en général, la quantité de vieilles écorces est peu considérable, et quelques femmes ou enfants suffisent pour leur nettoyage.

Machine à couper le chêne ou châtaignier.

Depuis quelques années on a cherché à employer le bois de chêne ou de châtaignier dans les tanneries ; ce bois renferme en effet du tannin.

Plusieurs constructeurs, spécialement M. Klemm, de Paris, ont construit des machines pour la division de ces bois.

Ces machines se composent d'un disque en fonte armé de couteaux et tournant avec une grande vitesse. L'arbre de ce disque est muni de poulies de commande et d'un volant, et repose par ses coussinets sur un fort bâti.

Les bûches de bois sont présentées à l'action des couteaux soit à la main, soit par un chariot alimentaire dont la marche est commandée à la main ou par la machine, et dont la vitesse varie suivant le produit que l'on désire.

Pour obtenir de la poudre plus ou moins fine, on emploie des couteaux à cannelures angulaires d'un pas plus ou moins fin, et pour obtenir des copeaux unis on se sert de couteaux unis.

Enfin, si l'on désire couper le bois en fils ressemblant à du gros tabac à fumer ou à du varech, on commence par tronçonner les bûches à la scie par bouts de 12 centimètres environ, que l'on place debout dans le chariot et que l'on attaque en long par des couteaux cannelés carrés ; on donne aux couteaux très-peu de fer afin d'obtenir des morceaux minces, souples et frisés.

Tableau comparatif des forces, vitesses, produits et prix moyens des machines servant à faire la poudre.

DÉSIGNATION DES MACHINES.	Forces motrices moyennes en chevaux.	Vitesses moyennes (tours par minute).	Produits par heure pour finesse moyenne.	Prix moyens sans la mise en place.
	chev.		kil.	fr.
Batterie de { 2 pilons	1	30	25	600
Batterie de { 5 pilons plus lourds	3	30	100	1 100
Batterie de { 8 pilons plus lourds	6	30	200	1 800
Radulateurs.... { petits	1	600	35	600
Radulateurs.... { grands	3	1 200	140	1 000
Moulins à scies chevauchées.. { petits	2	500	120	900
Moulins à scies chevauchées.. { moyens	4	600	300	1 500
Moulins à scies chevauchées.. { grands	6	700	500	2 000
Moulins à scies-couteaux..... { petits	1	300	75	750
Moulins à scies-couteaux..... { grands	4	500	500	1 500
Hachoirs....... { petits	1	200	400	500
Hachoirs....... { grands	4	175	1 200	1 000
Meules horizontales (*)	4	60	250	1 800
Noix à manége	1	4	50	1 000
Noix avec transmission..... { petit modèle.	3	25	275	900
Noix avec transmission..... { grand modèle	6	25	600	1 300
Machine à nettoyer les écorces.	1 ½	250	1 000	900
Machine à couper le châtaignier. { petit modèle pour poudre	2	250	50	800
Machine à couper le châtaignier. { grand modèle pour { poudre..	4	300	100	1 400
Machine à couper le châtaignier. { grand modèle pour { copeaux.	4	300	150	1 400
Machine à couper le châtaignier. { grand modèle pour { varech..	4	300	80	1 600

(*) Pour les machines qui font de la poudre avec des écossons, il faut tenir compte de la force nécessaire pour couper préalablement les écorces.

CHAPITRE III

MACHINES A TRAVAIL DE RIVIÈRE.

Les machines à travail de rivière, à l'exception du
tonneau à vider de chaux, sont encore peu employées
dans la tannerie. Nous leur consacrons néanmoins un
chapitre spécial, parce que, à notre point de vue, elles
ont une importance majeure et dont on ne se rend
pas assez compte.

Les principales machines à travail de rivière qui
sont actuellement susceptibles d'être employées dans
la pratique sont : le tonneau, le foulon horizontal, la
courroie frotteuse de M. Dumas, la machine à queurser
de M. Lepelley, et la machine à ébourrer, écharner,
travailler de rivière, de Baudoin et Damourette.

Nous allons les examiner successivement.

Tonneau à fouler et vider de chaux.

Cette machine se compose, comme son nom l'indique, d'un vaste tonneau en bois de chêne, cerclé en
fer, et tournant autour d'un axe horizontal passant
au milieu de ses deux fonds.

Ce tonneau est armé à l'intérieur sur son pourtour
de barres horizontales et de grosses chevilles en bois
dur convenablement espacées. Il est en outre percé

de trous ronds de 27 millimètres environ, que l'on peut fermer par des chevillettes. Enfin il présente une large porte à charnière et loqueteau, soit sur son pourtour, soit sur l'un de ses côtés.

L'axe de rotation ne traverse pas le tonneau. Il est formé par deux plateaux en fonte, boulonnés fortement sur les barres des fonds, et se terminant par deux tourillons creux qui reposent sur les coussinets de deux forts bâtis en bois ou en fonte. L'un de ces tourillons se prolonge un peu et reçoit à son extrémité la roue d'un engrenage commandé par le pignon d'un petit arbre parallèle muni de poulies et supporté par un troisième bâti et l'un des deux premiers.

Dans le travail de rivière, le tonneau sert soit à faire revenir les cuirs étrangers, soit à fouler les peaux, soit à les vider de chaux.

Pour vider de chaux, on jette dans le tonneau 3 à 4 peaux ou un plus grand nombre, suivant leur force ; on fait arriver un petit filet d'eau par un tuyau traversant les tourillons creux, on laisse ouverts les trous de vidange, et on met en route pendant un temps plus ou moins long jusqu'à ce que l'eau sorte à peu près claire.

La dimension des tonneaux est généralement de 2 mètres de diamètre sur 1 mètre de largeur pour les petites peaux, et de 2^m,30 de diamètre sur 1^m,25 de largeur pour les grandes peaux. Pour obtenir un bon travail sans trop de dépense de force, il ne faut pas s'écarter beaucoup de ces dimensions.

La vitesse de rotation varie de treize à vingt tours par minute.

Les peaux doivent être remontées par le mouvement jusque près de la partie supérieure pour de là retomber en bas, puis remonter, et ainsi de suite.

Turbulents.

M. Iwaskiewiez a pris un brevet pour un tonneau de forme cubique, tournant autour d'un axe qui passe par deux angles opposés, en sorte que dans le mouvement de rotation toutes les faces sont inclinées ; et les peaux, au lieu de tomber d'une certaine hauteur, roulent sur elles-mêmes et sont renvoyées continuellement d'une face sur l'autre.

Cette disposition, qui donne de bons résultats pour le lavage des laines et le foulage des tissus et des petites peaux de mégisserie, n'est pas aussi estimée pour le gros cuir, qui a besoin de rouler et de retomber de plus haut.

Foulon horizontal.

Le foulon horizontal, dont l'invention est réclamée par M. Hannequand-Parmentier, tanneur au Câteau (Nord), consiste en deux gros cylindres horizontaux en bois tournant en sens contraire, celui du dessous d'une hauteur fixe, étant commandé par poulies et engrenages, et celui du dessus, de hauteur variable, étant entraîné par celui de dessous.

Ces deux cylindres présentent, l'un des creux ou boîtes vides, et l'autre des dents ou parties saillantes pouvant s'emboîter dans les vides correspondants.

Le foulon est monté sur un bassin en bois ou

en maçonnerie dans lequel on peut mettre de l'eau.

Les peaux, attachées deux à deux par une extrémité, sont passées entre les deux cylindres, puis réunies à leurs deux extrémités libres, de manière à former chapelet ou chaîne sans fin. On peut disposer ainsi deux, trois ou quatre chapelets dans la longueur des cylindres, suivant la force des peaux.

Le cylindre supérieur appuie fortement sur les peaux au moyen de deux leviers à contre-poids, et les force à pénétrer avec les dents dans les vides du rouleau inférieur. Celui-ci étant mis en mouvement, on comprend donc que les peaux soient foulées et vidées de chaux par le passage entre les mâchoires des cylindres et le lavage à l'eau.

Quelquefois on remplace les cylindres en bois par des cylindres en fonte armés de dents en fer arrondies à leur extrémité.

Courroie frotteuse.

La courroie frotteuse, brevetée au nom de M. Dumas, est employée dans les tanneries de MM. Fortier-Baulieu à Paris et à Roanne.

Cette machine consiste en un gros cylindre en bois, horizontal, d'un diamètre assez grand pour qu'une peau puisse s'étendre entièrement dessus sans se recouvrir, et en une courroie horizontale parallèle à l'axe du cylindre et formant chaîne sans fin, le tout monté sur deux bâtis en fonte qui supportent les extrémités de l'axe du cylindre et les tambours de la courroie.

Le cylindre est animé d'un mouvement de rotation

très-lent, qui permet à chaque partie de la peau de se présenter devant la courroie frotteuse. Celle-ci reçoit de ses tambours un mouvement de transport plus rapide pendant lequel elle travaille les différentes parties de la peau qui se présentent à son contact.

La courroie frotteuse peut être armée à volonté de brosses de diverse nature, de pierres à queurser, de couteaux émoussés, de manière à effectuer différentes façons du travail de rivière.

On comprend qu'il est très-difficile, malgré l'étendage sur le cylindre, d'éviter complétement les plis de la peau, et que celle-ci doit être entraînée dans le sens du mouvement de la courroie.

Sans doute on pourrait mettre deux courroies de sens opposé au lieu d'une, et travailler la peau en même temps à droite et à gauche à partir de son milieu ; ce serait là un perfectionnement ; mais c'est surtout sur les nouvelles machines que nous allons décrire que doit se porter l'attention des tanneurs et des mécaniciens.

Machine à travail de rivière de M. Lepelley.

M. Lepelley, tanneur à Paris, est l'inventeur d'une machine à queurser et à façonner qui, bien qu'elle ait subi des perfectionnements, est sans contredit le point de départ des deux machines actuelles les plus intéressantes pour le travail de rivière : celle d'Adler et celle que nous avons construite avec le concours de M. Baudoin.

La machine Lepelley fait passer les peaux sur un

cylindre à double hélice, dont les spires s'allongent en sens contraire à droite et à gauche à partir du milieu, et sur une table garnie de pierres à queurser. Elle sert donc au besoin à assouplir les peaux, à les nettoyer, à les queurser ou vider de chaux.

Deux bâtis en fonte entretoisés portent l'ensemble de la machine. Le cylindre-hélice est horizontal, animé d'une grande vitesse et commande par double engrenage un rouleau entraîneur de la peau placé en arrière, et qui peut devenir fou au moyen d'un débrayage. Ce rouleau est creux et présente une rainure longitudinale dans laquelle s'engage avec beaucoup de jeu une barre de fer portant une charnière à une de ses extrémités.

En avant du cylindre-hélice se trouve la table queurse, l'arête des pierres formant une ligne saillante horizontale et parallèle au cylindre. Sur cette arête vient s'appuyer une table en fonte garnie de liége en forme de gouttière renversée ; cette table, assez lourde, peut se relever à volonté au moyen de leviers manœuvrés à la main.

Avec la machine Lepelley on travaille généralement les peaux en quatre passes, c'est-à-dire successivement la fleur et la chair par moitiés ; car la partie engagée sur le rouleau entraîneur se trouve en dehors du travail.

La table en liége étant relevée et la barre du rouleau soulevée, on étend la peau sur la queurse, le cylindre et le rouleau ; on abaisse la barre que l'on fixe solidement, on laisse retomber la table en liége et on met en route.

La peau s'enroule sur le rouleau entraîneur, est

grattée par le cylindre et soumise à l'action des queurses, sur lesquelles s'appuie la table en liége.

Dans la machine de M. Lepelley, le cylindre gratteur était simplement en fonte, les spires hélicoïdales présentant une arête triangulaire légèrement avivée au burin et à la lime.

Modifications apportées à la machine Lepelley.

La machine inventée par M. Lepelley a été modifiée par plusieurs mécaniciens.

M. Allard-Ferré, de Châteaudun, a formé les hélices du cylindre au moyen de lames d'acier discontinues, rapportées à vis sur des saillies venues de fonte, et a disposé le porte-liége sur un chariot roulant au moyen de galets.

M. Jonquet, de Paris, a disposé les cylindres et la queurse les uns au-dessus des autres et a eu l'heureuse idée de faire porter la table en liége et le rouleau d'appel par un châssis vertical articulé à sa partie inférieure, dont l'écartement donne une grande facilité pour la manœuvre et dont le rapprochement permet de presser la peau en travail entre la queurse et le liége.

M. Adler a remplacé le rouleau d'appel par une table horizontale élastique animée d'un mouvement de translation, sur laquelle on étend la peau, le cylindre-hélice travaillant au-dessus.

Nous reviendrons, au chapitre de la mégisserie, sur cette machine, qui est surtout employée pour le travail des petites peaux.

Machine à travail de rivière de MM. Baudoin et Damourette.

La machine pour laquelle nous avons pris en 1866 un brevet d'invention en nom commun avec M. Baudoin, corroyeur à Paris, peut être employée successivement à la refente et au façonnage des peaux.

Mais, comme elle peut aussi se dédoubler et former soit une machine à refendre, soit une machine à travail de rivière, et qu'elle a beaucoup d'analogie avec la façonneuse Lepelley, nous la décrirons ici, sauf en ce qui concerne le dédoublage des cuirs.

La machine Baudoin et Damourette est supportée dans son ensemble par deux forts bâtis bien entretoisés entre eux.

Les principaux organes sont : un cylindre travailleur à double hélice et un clavier à touches mobiles, tous deux avec tables élastiques en regard ; une table queurse avec contre-table en liége, et enfin un rouleau entraîneur pour la peau.

Le cylindre travailleur, la table queurse et le clavier à touches sont portés par les bâtis fixes de la machine et placés les uns au-dessus des autres, tandis que le rouleau entraîneur, la table en liége et les deux tables élastiques se trouvent sur un grand chariot mobile qui permet de rapprocher ou d'écarter les tables des organes correspondants.

Le cylindre travailleur présente, comme celui de M. Lepelley, des spires héliçoïdales dont le pas se développe à droite et à gauche à partir du milieu. Ces spires sont venues de fonte ou formées de cornières rapportées à vis. On emploie pour ces cornières divers métaux suivant le travail que l'on veut obtenir, savoir : pour le nettoyage et le foulage, des couteaux en fonte, fer ou acier émoussés ; pour l'étendage et le travail du cuir tanné, des couteaux en cuivre ou en fer recouvert de cuivre par la galvanoplastie ; pour l'écharnage, des couteaux en acier à arête vive.

La table en face du cylindre doit être élastique et flexible, c'est-à-dire à charnière, et recouverte de liége, feutre ou caoutchouc ; des ressorts placés à l'arrière appuient cette table contre la peau en travail et contre le cylindre.

Le clavier à touches mobiles est une longue traverse creuse en fonte, dans laquelle sont logées les unes à côté des autres et parallèlement de petites touches en cuivre pouvant avoir un petit mouvement horizontal indépendamment les unes des autres. Ces touches, qui portent à l'arrière un petit ressort à boudin enroulé autour d'une tige-guide, pressent la peau dans toutes ses parties contre une table rigide et servent ainsi soit à achever d'une manière complète le travail du cylindre, soit à faire disparaître les moindres inégalités de la peau.

La table queurse avec sa contre-table en liége agit comme celle de la machine Lepelley.

L'entraîneur consiste soit en un rouleau creux avec une rainure et barre de retenue, soit en un rouleau en bois plein avec lanières et crochets pour saisir la peau ; dans ce dernier cas de petites gorges circulaires permettent aux lanières de se noyer dans le bois sans dépasser le diamètre extérieur.

Les divers organes sont disposés les uns au-dessus des autres dans l'ordre suivant en partant du bas : le cylindre-hélice, le clavier, la queurse, le rouleau entraîneur. En dessous du cylindre on peut placer une table en bois inclinée, qui rend l'étendage plus facile.

La machine que nous venons de décrire peut servir à assouplir les peaux françaises ou étrangères, à les nettoyer, à les ébourrer, à les queurser, à les écharner, enfin à les façonner et à les mettre au vent.

L'opération se fait toujours de la même manière en une ou deux passes pour chaque face, suivant que l'on emploie le rouleau entraîneur à barre ou celui à crochets.

Le chariot étant monté sur chemin de fer à glissières ou roulettes, on l'écarte au moyen de deux vis à filet carré commandées par un même arbre et une manivelle. On étend la peau sur le chariot, on l'attache sur le rouleau entraîneur, et on rapproche le chariot de manière à amener la peau au contact des organes travailleurs.

Le cylindre-hélice commande par double engrenage le rouleau d'appel. Celui-ci se met donc en mouvement lorsque le rapprochement du chariot fait engrener la roue qu'il porte avec le pignon correspondant porté par le bâti fixe. La peau est entraînée et travaillée par les divers organes que nous avons décrits.

Pendant l'opération on fait arriver sur la peau en travail de l'eau au moyen d'un tuyau longitudinal percé dans toute sa longueur de petits trous par lesquels l'eau s'échappe en pluie et chasse la chaux, les poils, les chairs et impuretés enlevés par les organes travailleurs.

Ainsi que nous l'avons expliqué, on emploie divers cylindres-hélices suivant le travail que l'on veut obtenir. On peut aussi varier les tables élastiques et les armer elles-mêmes de pierres, couteaux ou autres organes travailleurs.

Les principaux avantages de la machine que nous venons de décrire, et qui peut être très-simplifiée lorsqu'on veut se borner à une ou deux opérations, sont : de faire avantageusement toutes les façons du travail de rivière, de l'ébourrage et de l'écharnage ; de travailler toute espèce de peau ou cuir tanné ou demi-tanné ; d'être d'une construction simple et d'une manœuvre rapide, grâce à la disposition du chariot qui donne toute facilité pour déplacer, retourner ou retirer les peaux ; enfin de conserver un mouvement continu, le débrayage du cylindre-hélice étant inutile et celui du rouleau entraîneur se faisant automatiquement par suite du recul du chariot.

Nous espérons que les tanneurs comprendront, par les descriptions qui précèdent, toute l'importance des machines à travail de rivière. Elles ne sont pas sans doute arrivées au dernier degré de perfectionnement ; mais elles peuvent déjà rendre de très-grands services, et elles en rendront de plus grands encore le jour où leur utilité sera mieux reconnue et leur emploi plus général.

CHAPITRE IV

Les machines à refendre les cuirs et peaux ont été importées d'Angleterre et d'Amérique, mais elles ont été perfectionnées en France.

Les unes servent à refendre les cuirs en tripes, c'est-à-dire avant le tannage ; les autres font la refente des cuirs tannés.

Machines à refendre en tripes.

Les machines à refendre en tripes sont les plus importantes, parce qu'elles rendent de plus grands services aux tanneurs. En effet, la peau étant dédoublée avant le tannage, cette opération devient plus simple, plus rapide et plus régulière ; et en outre les déchets des peaux en tripes ont plus de valeur que ceux des cuirs tannés.

Les machines à refendre en tripes employées pour les grandes peaux en France ont été construites successivement par M. Lepelley, tanneur, et M. Martin aîné, mécanicien.

Nous avons établi également, avec le concours de M. Baudoin, une grande machine à refendre. C'est celle que nous décrirons d'abord, parce qu'elle renferme tous les organes des premières machines et présente en outre de nombreux perfectionnements.

Machine à refendre en tripes de MM. Baudoin et Damourette.

Quand on refend une peau, on se propose de la dédoubler de manière à obtenir la fleur à une épaisseur régulière et la chair en un seul morceau utilisable qui forme une deuxième peau que l'on appelle *croûte*.

La refente en tripes se fait au moyen d'un couteau, dont la longueur est un peu plus grande que la largeur de la peau et qui est animé d'un mouvement rapide de va-et-vient. Ce couteau doit rester toujours parfaitement droit et présenter un biseau aigu, rectiligne et bien affûté.

Il faut éviter que la peau fasse des plis au moment où elle passe sous le couteau, car chaque pli déterminerait un trou dans la fleur. Pour éviter les plis, un clavier à touches mobiles presse la peau sur la table en cuivre le long de laquelle se fait la coupe. Toutefois l'action de ce clavier serait insuffisante si l'on n'avait soin de tirer la peau à droite et à gauche de manière à l'étendre. Dans les anciennes machines ce sont des ouvriers armés de pinces qui tirent ainsi la peau ; nous les avons remplacés par un cylindre à double hélice qui remplit les mêmes fonctions d'une manière plus complète.

Notre machine à refendre est supportée par trois bâtis en fonte. Ces bâtis sont reliés par quatre entretoises réunies entre elles, en sorte que le tout forme un ensemble rigide et capable de résister aux vibrations provenant des mouvements rapides des organes, vibrations qui seraient très-nuisibles pour un bon travail.

Sur les deux premiers bâtis se meut un grand chariot emboîté très-solidement sur ses glissières et commandé par deux fortes vis à filets carrés, lesquelles sont mises en mouvement au moyen d'un engrenage double par un arbre horizontal muni d'un volant et d'une manivelle.

La longueur de ce chariot, ainsi que l'écartement des bâtis, est de 3 mètres environ, c'est-à-dire supérieure à la largeur des plus grandes peaux.

Les bâtis portent le cylindre à double hélice, le clavier à touches, le couteau et tous les mouvements des organes.

Le chariot porte le rouleau entraîneur, la table de coupe et la table flexible placée en regard de l'hélice.

Le cylindre-hélice ne sert qu'à bien tendre la peau; ses spires, en cuivre, à arête légèrement arrondie, sont inclinées à 45 degrés environ et se développent, comme il a été dit, à droite et à gauche à partir du milieu. Son arbre, qui commande tous les autres organes, se prolonge jusqu'au delà du troisième bâti. Il porte, entre le deuxième et le troisième bâti, les poulies motrices et un plateau gauche pour le mouvement du couteau, et en dehors des bâtis extrêmes un volant régulateur et un pignon pour la commande du rouleau entraîneur.

Le porte-couteau demande les plus grands soins. Il est formé ainsi qu'il suit.

Un châssis creux, léger et résistant, en fonte ou en acier, traverse la machine dans toute sa longueur parallèlement à l'arbre de l'hélice. Il coulisse dans des guides placés sur le plateau supérieur des trois bâtis, et ces guides doivent être larges, bien soignés dans toutes leurs parties et susceptibles de serrage, afin que le couteau conserve constamment un mouvement rectiligne et régulier sans vibrations ni mouvements transversaux.

Ce châssis creux présente en avant une face plane verticale bien dressée sur laquelle vient s'appliquer le porte-couteau en fonte, lequel est à charnière et peut à volonté se relever ou s'abaisser et s'attacher sur le châssis.

Le couteau, lame d'acier de première qualité, à biseau aigu et bien affûté, est fixé sur le porte-couteau par la pression d'une bande de fer à talon formant mâchoire et serrée par des boulons. Cette disposition permet d'avancer la lame hors de ses mâchoires au fur et à mesure qu'elle s'use.

Pour obtenir un bon travail il ne suffit pas que la lame d'acier soit de première qualité, il faut encore qu'elle soit parfaitement affûtée. Dans notre machine, l'affûtage se fait avec toute facilité grâce à la possibilité de relever le porte-couteau à charnière. L'affûtage peut même se faire sans arrêter la machine, car le plateau gauche qui commande le couteau est monté fou sur l'arbre de l'hélice et mis en mouvement par l'intermédiaire d'un embrayage à griffes.

L'ensemble du couteau, du porte-couteau et du châssis est animé d'un mouvement très-rapide de va-et-vient, lequel lui est communiqué par le plateau gauche monté sur l'arbre de l'hélice. A cet effet le châssis porte deux petits galets en acier, montés fous sur deux axes également en acier et emboîtant les deux côtés du plateau sur lequel ils roulent. On comprend que si ce plateau offre un gauche de 6 centimètres, il chassera dans son mouvement de rotation, et à chaque tour, les deux galets et par suite le porte-couteau de 6 centimètres à droite, puis de 6 centimètres à gauche.

Le mouvement du couteau étant très-rapide (environ de quatre à cinq cents allées et venues par minute), il est essentiel que ses supports soient en même temps très-rigides et très-légers pour ne pas ébranler la machine.

Il est bon également de disposer à chaque extrémité du châssis mobile un fort ressort de chasse qui compense la force d'inertie et diminue les chocs et les efforts que supportent les galets et le plateau.

Le clavier à touches est formé, comme celui de notre machine à travail de rivière, d'une longue traverse en fonte garnie de touches en cuivre indépendantes placées horizontalement et parallèlement les unes à côté des autres et arc-boutées par un petit ressort à boudin.

Les extrémités du clavier coulissent dans une cage ménagée dans les deux premiers bâtis, ce qui permet d'appuyer plus ou moins les touches sur la table de coupe placée en regard.

Cette manœuvre s'effectue au moyen d'un arbre horizontal armé de deux manivelles et commandant par pignons d'angle deux vis de rappel fixées sur le clavier et dont les écrous font corps avec les bâtis.

En regard du cylindre-hélice se trouve une table verticale, longue et étroite, pouvant osciller autour d'un axe horizontal placé à sa partie supérieure. Cette table est en bois ou en métal recouvert d'une matière élastique, liége, feutre ou caoutchouc ; elle est appliquée contre le cylindre-hélice par des ressorts placés à l'arrière. Il est facile du reste de varier la pression de ces ressorts, car leur extrémité repose sur une barre en fer que l'on peut avancer ou reculer.

La table de coupe demande, comme le couteau, une attention toute particulière de la part du constructeur, car elle doit rester parfaitement droite et ne jamais se cintrer sous la pression des touches et du couteau.

Elle peut être fixée sur le grand chariot, dont elle formera l'entretoisement ; car, ce chariot pouvant avancer ou reculer, il sera facile de régler l'écartement entre le couteau et la table de manière à laisser à la fleur du cuir l'épaisseur qui lui convient.

Cette table de coupe est donc une grande traverse en fonte horizontale présentant une face verticale parfaitement dressée et garnie de cuivre. C'est sur cette partie en cuivre, dont l'arête supérieure est légèrement arrondie, mais exactement rectiligne, que s'appuient les touches du clavier et que se fait la coupe.

Nous avons dit que la table pouvait être fixée sur le grand chariot. Cependant on peut lui donner la faculté de monter et de descendre, afin de faciliter l'entrée du couteau dans la peau au moment de la mise en marche.

Le rouleau entraîneur est en bois, comme celui de notre machine à travail de rivière. Il est légèrement bombé dans la partie correspondant aux flancs de la peau, pour tirer ces flancs qui présentent plus de longueur que les autres parties.

Des crochets en acier attachés à de petites chaînettes logées dans des gorges circulaires servent à accrocher le cuir aussi près que possible de son extrémité et de la table de coupe.

L'arbre du rouleau se prolonge au delà du chariot et porte une roue à dents assez longues qui viennent s'engager dans celles d'un pignon porté par le bâti du milieu et commandé par l'arbre moteur du cylindre-hélice au moyen d'un renvoi et d'une vis sans fin. Un débrayage est donc inutile pour le rouleau, puisque l'éloignement du chariot en tient lieu.

Manœuvre de la machine.

Pour refendre une peau avec notre machine on relève le couteau pour l'affûter, on le laisse retomber et on l'assujettit sur son châssis ; puis on rapproche le chariot jusqu'à ce que la table de coupe soit à la distance voulue pour laisser à la fleur l'épaisseur qu'on désire lui donner.

Pour conserver cette distance pendant le travail, on a le soin de placer en face du chariot, et sur les deux bâtis qui le portent, une vis de butée et une réglette graduée dont les divisions correspondent aux épaisseurs en millimètres à laisser à la peau. En faisant saillir plus ou moins ces vis de butée et amenant le chariot jusqu'à leur contact, on sera certain de donner toujours à la fleur la même épaisseur.

La machine étant ainsi préparée, on écarte le chariot de 25 à 30 centimètres, on jette la peau dessus et on l'attache au rouleau entraîneur par les crochets ; puis on développe ses plis sur une table inclinée, en bois, garnie de zinc, placée en dessous de la table flexible.

On met le cylindre-hélice en marche en laissant le couteau immobile ; on rapproche le chariot jusqu'à ce qu'il rencontre les vis de butée et on le maintient dans cette position.

Alors la peau commence à s'enrouler sur l'entraîneur, puisque la roue qui commande cet organe se trouve embrayée par le rapprochement même du chariot.

Aussitôt que la peau a parcouru 3 à 4 centimètres, qu'elle a dépassé l'arête de la table de coupe, que l'effet de l'hélice et du clavier s'est produit, que toute espèce de pli a disparu, on met le couteau en marche.

La refente s'opère et se continue jusqu'à la partie extrême de la peau.

Machine à refendre de M. Martin aîné.

M. Martin aîné et son successeur M. Lignée ont construit plusieurs machines à refendre qui diffèrent de celles que nous venons de décrire. Dans ces machines les bâtis sont longitudinaux, c'est-à-dire parallèles aux organes, et réunis par des entretoises transversales.

Le cylindre-hélice n'existe pas ; les ouvriers le remplacent en tirant la peau avec des tenailles.

Le couteau est horizontal et sans charnière ; son affûtage ne peut donc se faire que difficilement.

Le mouvement alternatif de va-et-vient est communiqué par une bielle attachée sur l'extrémité du porte-couteau et commandée par un arbre transversal à vilebrequin. Cet arbre, qui se trouve à la partie extrême des bâtis, est le moteur général et est muni par conséquent d'un volant, de poulies motrices et d'une poulie commande du mouvement de l'entraîneur.

Le clavier est vertical et composé comme celui qui a été décrit précédemment.

La table de coupe est remplacée par un cylindre horizontal garni de cuivre, en arrière duquel se trouve une table inclinée en bois, garnie de zinc, pour que la peau puisse s'y étendre.

Le rouleau entraîneur est disposé comme celui de la précédente machine et commandé par l'arbre à vilebrequin au moyen de poulies, engrenage et vis sans fin.

Le chariot n'existant pas, il est nécessaire, pour placer la peau, d'arrêter complétement la machine et de remonter le porte-couteau et le clavier.

Le clavier se remonte grâce à l'action de deux vis à filet carré commandées, au moyen d'engrenages d'angle, par un arbre horizontal à manivelles.

Quant au porte-couteau, il se relève avec ses guides, qui à cet effet sont soulevés à leur partie inférieure par deux manivelles fixées sur un arbre commun que commande à chaque extrémité un secteur denté mis en mouvement par pignon et manivelle.

Des vis de butée permettent de régler la descente du clavier et du porte-couteau pour le travail.

La peau tendant à se relever derrière le clavier, M. Martin, pour obvier à cet inconvénient, a ajouté un petit rouleau libre porté par le clavier et appuyé sur la peau par des ressorts.

Machine à refendre de MM. Cauvain, Varin et Millet.

MM. Cauvain, Varin et Millet ont pris tout récemment un brevet d'invention pour une machiue à refendre qu'ils ont établie dans leurs ateliers.

Nous devons dire que cette machine ne diffère pas sensiblement de celle de M. Martin, si ce n'est cependant que le cylindre de coupe y est remplacé par notre table plane, et que le mouvement de remonte du clavier et du porte-couteau est un peu modifié.

Considérations sur les machines à refendre en tripes.

Il est facile de se rendre compte, par les descriptions qui précèdent, des avantages de la machine Baudoin et Damourette.

Les principaux sont :

L'étendage parfait de la peau et sa préparation par le cylindre-hélice, et par suite la suppression de deux ouvriers ;

La facilité d'affûtage du couteau grâce à son relèvement ; la facilité d'étendage de la peau par le recul du chariot ;

La régularité de la coupe effectuée sur une table plane et fixe et non sur un rouleau mobile et variable ;

La suppression des débrayages et la faculté de laisser continuer le mouvement de la machine pendant le changement des peaux.

Notre machine à refendre peut servir, par la suppression du mouvement du couteau et le changement des tables, de machine à travail de rivière, à ébourrer et à écharner.

Un tanneur intelligent pourrait même se servir du couteau mobile pour enlever les chairs en disposant le rouleau entraîneur à l'arrière.

Enfin cette machine peut refendre le cuir tanné aussi bien que la peau en tripes, quelle que soit du reste la largeur de ces cuirs.

Machine à refendre les peaux de mouton.

Les mégissiers ont souvent besoin de refendre les peaux de mouton.

Ce travail pourrait se faire au moyen de machines semblables à celles dont la description précède, mais d'une dimension réduite.

Comme ces machines seraient encore très-coûteuses, on les a simplifiées de la manière suivante :

Le rouleau entraîneur est en avant ; le porte-couteau et le couteau, commandés par bielle et arbre à vilebrequin, sont verticaux et coupent la peau le long d'une table également verticale sur laquelle la peau est maintenue par une bande d'acier flexible appuyée par des ressorts.

La disposition générale des mouvements est celle des grandes machines à refendre, et l'ouvrier et son aide suffisent, vu la petitesse de la peau, pour empêcher les plis.

Machines à couper les cuirs tannés.

Les machines à couper les cuirs tannés ont été importées d'Amérique et construites à Paris par M. Apeldoorn, puis par son successeur M. Poisson.

Ces machines coupent le cuir au moyen d'un couteau en acier fixe. Cependant quelques constructeurs ont cherché à donner à ce couteau un mouvement de va-et-vient comme dans les machines à refendre en tripes.

Le cuir est entraîné par un rouleau à crans situé en avant du couteau et se trouve comprimé, au moment de sa division, entre une table flexible et un cylindre libre à écartement variable suivant l'épaisseur à laisser à la fleur.

La machine se compose donc de deux bâtis transversaux bien entretoisés, du couteau, du rouleau entraîneur, du cylindre libre, de la table flexible pour la coupe et de la commande.

Le couteau, à biseau aigu bien affûté, est attaché horizontalement au moyen de boulons sur son support qu'il dépasse de 15 millimètres environ.

Le rouleau entraîneur, placé en avant du porte-couteau, est en fonte et dégagé de manière à former deux ou trois gorges longitudinales dans lesquelles on serre la peau au moyen de plates-bandes en bois dur.

Ce rouleau est commandé, par l'intermédiaire d'engrenages, soit par un petit arbre parallèle portant poulie motrice, soit par un arbre perpendiculaire muni d'un pignon d'angle et d'une manivelle lorsque l'on fait marcher la machine à bras.

L'un des pignons intermédiaires du mouvement est porté par un balancier à pédale qui le dégage par son propre poids et l'engrène lorsque l'ouvrier appuie du pied sur la pédale; ce balancier constitue donc le débrayage du rouleau entraîneur.

Le rouleau libre est en cuivre et formé de plusieurs bagues juxtaposées. Son axe en fer tourne librement dans un support en fonte évidé qui peut lui-même osciller autour d'un axe supérieur à celui du rouleau. Il en résulte que l'on peut, au moyen de deux manettes, relever ou abaisser à volonté le support et par suite le rouleau libre. En outre, les coussinets des tourillons du support sont à coulisse dans leurs guides et peuvent monter ou descendre de manière à régler comme il convient l'écartement entre le rouleau libre et le biseau du couteau, écartement qui correspond à l'épaisseur à laisser à la fleur du cuir.

La table flexible est en fonte garnie de cuivre dans la partie voisine de la coupe, où elle se termine par une arête arrondie qui doit se trouver dans le plan vertical de l'axe du cylindre et du biseau du couteau.

Primitivement cette table était simplement élastique, c'est-à-dire garnie de caoutchouc entre la fonte et le cuivre. Depuis on lui a donné une certaine flexibilité, comme nous l'indiquerons.

Marche de la machine.

Le cylindre libre étant réglé à l'épaisseur voulue, on le relève; on passe la peau en ayant soin de mettre

la fleur en dessus, on l'attache sur le rouleau entraîneur, et on met en route en appuyant sur la pédale.

Le cuir se dédouble. Mais il faut le retourner pour
refendre la partie qui se trouvait attachée sur le rouleau entraîneur, c'est-à-dire qu'une peau ne peut être
dédoublée qu'en deux passes.

Perfectionnements apportés aux machines à couper le cuir tanné.

Comme nous l'avons dit, on a cherché à donner à la
table de coupe une certaine flexibilité en lui permettant d'osciller autour d'un axe horizontal situé environ au tiers de sa largeur à partir de son arête de
coupe.

Cette oscillation, nécessaire pour faciliter le passage
des parties plus fortes en chair, est produite par l'action d'un arbre horizontal armé de cames agissant sur
l'arrière de la table ; cet arbre est commandé à droite
et à gauche par deux leviers à manette que l'on arrête, au moyen d'un guide à crans, dans la position
convenable. M. Poisson a commandé ces leviers par
une vis à filet carré susceptible d'une plus grande
précision et que l'on peut manœuvrer pendant la
marche même, ce qui constitue un perfectionnement
très-utile.

M. Oger a placé à l'arrière de la table plusieurs
ressorts dont on peut varier la tension au moyen de
leviers à main ; ces ressorts suffisent pour donner à la
table la flexibilité qui lui est nécessaire.

En outre, ce constructeur a remplacé le cylindre
libre unique par trois cylindres montés sur le même

support, mais de longueurs différentes suivant les diverses largeurs de la peau en travail.

Les machines à couper le cuir ne peuvent s'appliquer qu'au cuir tanné. Elles sont moins coûteuses et plus simples de manœuvre que les machines à refendre en tripes ; mais, comme nous l'avons indiqué, elles ne peuvent rendre les mêmes services.

CHAPITRE V

MACHINES A COMPRIMER ET LISSER LES CUIRS

On a de tout temps soumis au battage les cuirs destinés à la fabrication des semelles de chaussures.

Autrefois cette opération se faisait à la main, au moyen de maillets ou marteaux avec lesquels on frappait le cuir étendu sur des tables en marbre ou en pierre. Aujourd'hui le battage se fait mécaniquement et a pour but non-seulement de resserrer les molécules du cuir, de lui donner plus de fermeté et de régularité, mais aussi d'augmenter son imperméabilité, et enfin de lui donner un bel aspect uni qui augmente sa valeur.

Aussi soumet-on à cette opération les cuirs lisses aussi bien que les cuirs forts pour semelles.

Il y a près de cinquante ans qu'on a commencé à se servir de marteaux mécaniques pour le battage des cuirs.

Les premières machines étaient complétement analogues à celles employées dans le travail du fer. C'était donc des martinets ou des pilons dont l'enclume et le batteur étaient garnis de cuivre.

Aujourd'hui le battage des cuirs se fait presque exclusivement par le marteau à balancier et à compression pour lequel M. Bérendorf père a pris un brevet en 1842.

Marteau de M. Bérendorf.

Le marteau Bérendorf se compose :

1° D'un poinçon vertical mobile par lequel la pression s'effectue ; 2° d'une enclume immobile fixée sur un fort sommier élastique en bois et sur laquelle se place le cuir qui reçoit l'action du poinçon ; 3° d'un balancier qui met en mouvement le poinçon ; 4° d'un arbre à manivelle et d'une bielle pour commander le balancier.

L'ensemble de ces organes est porté par un bâti dont l'importance est très-grande. Car sa dimension doit être telle que le cuir puisse y manœuvrer aisément dans toute son étendue, et sa rigidité doit être suffisante pour résister sans fatigue aux efforts considérables déterminés par le travail.

Les bâtis des marteaux de M. Bérendorf sont en fonte et ont la forme d'une cage fermée qui se compose : d'une grande poutre horizontale inférieure et servant d'assise à toute la machine ; d'une deuxième poutre supérieure également horizontale, et de deux colonnes reliant ces deux poutres. Autrefois ces colonnes formaient des pièces séparées ; aujourd'hui on les fait venir de fonte avec les poutres, partie avec l'une, partie avec l'autre.

De grands et forts tirants en fer, portant tête dans le haut et clavette dans le bas, passent au milieu des deux colonnes et forment ainsi des poutres du bâti un ensemble parfaitement lié.

La poutre inférieure supporte le sommier en bois, le guide de l'enclume et les chaises de l'arbre à vilebrequin. La poutre supérieure supporte l'axe d'oscillation du balancier et le guide du poinçon.

L'arbre à vilebrequin, qui tourne dans les deux chaises fixées sur la partie inférieure du bâti, est muni de deux poulies, fixe et folle, pour la commande et d'un volant. Sur son vilebrequin vient s'adapter une bielle verticale dont la grosse tête à fourche s'attache à la queue du balancier.

Le balancier est en fer forgé et constitue l'une des pièces les plus importantes de la machine, car il reçoit et transmet tout l'effort destiné au poinçon. Ce balancier, dont la position est horizontale, oscille autour d'un axe en acier emmanché dans deux oreilles venues de fonte et placées un peu au delà du centre du bâti supérieur.

Le balancier, commandé par la bielle, comme il vient d'être dit, imprime le mouvement de descente au poinçon par l'intermédiaire d'un petit œuf en acier, dont les deux pointes s'engagent, l'une dans le balancier, l'autre dans la tête du poinçon.

Le poinçon est guidé dans son mouvement vertical par le bâti supérieur, et garni de bronze à sa partie inférieure qui frappe le cuir. Il descend sous l'action du balancier, qu'il accompagne aussi dans son mouvement d'ascension, grâce à la pression d'un gros ressort à boudin s'appuyant sur la partie supérieure du bâti et sur une bague fixée sur le poinçon.

Le cuir en travail repose sur une grande table en bois horizontale, dans laquelle une partie évidée permet à l'ouvrier de s'approcher du centre, c'est-à-dire du batteur.

L'enclume, garnie de bronze et placée au milieu de

cette table, qu'elle dépasse d'une quantité variable, de 10 millimètres environ, est guidée par le bâti inférieur. Cette enclume se termine par une grosse vis à filet triangulaire engagée dans un écrou en fonte, qui repose par une forte collerette sur une poutre ou sommier en bois de chêne.

On comprend dès lors la manœuvre de la machine.

L'arbre à vilebrequin, dans son mouvement, fait descendre et remonter la bielle, le balancier et le poinçon vertical. Ce dernier passe très-près de l'enclume; en sorte que si l'on promène le cuir sur la table en bois, il se trouve comprimé entre le poinçon et l'enclume, qui s'abaisse grâce à la flexibilité du sommier en bois. Comme ce sommier est très-résistant, puisque sa section est généralement de 55 sur 40 centimètres au milieu et de 45 sur 40 centimètres aux extrémités, le cuir se trouve très-fortement comprimé.

Les bronzes du poinçon et de l'enclume ont généralement 10 centimètres de diamètre. Il est essentiel que le bord ne marque pas le cuir; d'ailleurs il serait impossible de comprimer sur la surface totale du poinçon. Aussi il est d'usage de donner aux bronzes une forme légèrement bombée, surtout vers les bords; en sorte que le travail ne se fait réellement que sur un cercle de 5 centimètres de diamètre environ. L'ouvrier doit donc avoir le soin de recouvrir ses coups de marteau.

Le cuir n'ayant pas partout la même épaisseur, il est nécessaire de pouvoir rapprocher à volonté facilement, et pendant le travail, l'enclume du poinçon.

Pour arriver à ce résultat, la tige de l'enclume étant

filetée dans son écrou-support, il suffit de la faire tourner dans un sens ou dans l'autre pour la faire monter ou descendre. Ce mouvement de rotation est obtenu par la manœuvre à la main d'un grand volant, présentant à la partie supérieure des encoches dans lesquelles s'engage un levier de retenue à contre-poids.

Dans le marteau que nous venons de décrire, le rapport des bras de levier à l'extrémité desquels agissent la bielle, et l'effort sur le poinçon est environ de 20 ; en sorte qu'une traction de 400 kilogrammes de la bielle correspond à une pression de 6 000 kilogrammes sur le cuir.

La vitesse du marteau varie de cent quatre-vingts à deux cent cinquante tours, suivant l'habileté de l'ouvrier.

La force motrice nécessaire est en moyenne de 1 cheval et demi, et la quantité produite par jour de cinquante côtés de cuir fort ou de soixante côtés de cuir lissé.

Modifications apportées au marteau de M. Bérendorf.

La machine que nous venons de décrire est aujourd'hui parfaitement construite par plusieurs mécaniciens et a subi entre leurs mains divers perfectionnements.

M. Bérendorf fils a rapproché, dans le bâti inférieur, les supports du sommier en bois, ce qui permet de diminuer la longueur et les dimensions de ce sommier, mais diminue en même temps son élasticité.

Nous avons construit plusieurs marteaux à compri-

mer les cuirs, en remplaçant le bâti en fonte par un
bâti en fer et en modifiant le mouvement de l'enclume,

Les bâtis en fer composés de tôles et de cornières
présentent sur ceux en fonte l'avantage d'être moins
lourds, plus solides, et de pouvoir se réparer en cas
d'accident; ils doivent donc être préférés.

Au lieu de terminer l'enclume par une tige filetée
dans un écrou, nous l'avons fait reposer sur un large
coin en acier qui glisse entre cette enclume et un
support fixé sur le sommier en bois. On comprend
que l'on peut faire manœuvrer ce coin, au moyen
d'un renvoi, par une manette placée au-dessus ou au-
dessous de la table, et que son mouvement détermine
l'abaissement ou le relèvement de l'enclume.

On a cherché aussi quelquefois à supprimer la
poutre en bois et à la remplacer par une enclume
élastique que l'on fait reposer sur un fort tampon
composé de rondelles en caoutchouc, ou sur le piston
d'un cylindre hermétique rempli d'eau. Mais cette
élasticité ne présente pas les mêmes garanties ni la
même régularité que celle du sommier en bois.

Divers marteaux à battre les cuirs.

On a construit pour le battage des cuirs divers
marteaux qui diffèrent de celui de M. Bérendorf père.

Une première disposition consiste à remplacer le
balancier par une genouillère formée de deux bielles
verticales articulées et commandées par une troisième
bielle horizontale.

Dans une autre disposition plus fréquemment em-

ployée, le balancier est supprimé, et l'arbre à vilebrequin, placé au milieu du bâti supérieur et au-dessus,
commande directement, par bielle pendante, le poinçon vertical.

Ces deux genres de marteaux peuvent donner de
bons résultats quand ils sont bien construits ; cependant ils sont inférieurs à ceux du système Bérendorf
sous le rapport du rendement, de la durée et de la
solidité.

MM. Chapelle et Scellos ont pris un brevet pour un
marteau-pilon à battre le cuir, dans lequel le piston
qui commande le poinçon manœuvre dans un cylindre
à vapeur fermé en haut et en bas. La force de la vapeur ne sert qu'à remonter le piston, dont la descente
peut être accélérée ou retardée par la compression ou
la raréfaction de l'air dans la partie supérieure du
cylindre.

Deux soupapes régulatrices servent, l'une à l'entrée, l'autre à la sortie de l'air, et le mouvement de
l'une et de l'autre peut être modéré ou augmenté par
l'action d'un balancier que commande une tringle
verticale disposée à la portée de l'ouvrier.

Le marteau de M. Komgen, qui a joui d'une certaine réputation, n'est qu'un marteau-pilon comme
celui de M. Chapelle.

Dans cette machine, le poinçon est assez pesant et
retombe sur une enclume fixe. Il est soulevé par une
forte came à développante fixée sur un arbre horizontal qui traverse le bâti dans toute sa longueur.
Dans son mouvement de remonte ce poinçon com-

prime un tampon élastique logé dans la partie supérieure du bâti et composé de rondelles en caoutchouc.
Ce tampon lance le poinçon de haut en bas et augmente ainsi la force provenant de son poids naturel.

On peut d'ailleurs varier le relèvement du poinçon,
et par suite la force élastique du tampon, en faisant
avancer plus ou moins le bras fixé sur ce poinçon,
bras sur lequel agit la came en un point variable de
sa courbure.

A notre avis, ces divers marteaux sont inférieurs
au premier que nous avons décrit, à celui qui porte le
nom de M. Bérendorf père ; car ils suppriment l'élasticité naturelle du bois, qui préserve le cuir de toute
altération moléculaire, et remplacent la compression
par le battage. En outre, l'enclume reposant sur un
massif isolé du bâti, la mise en place exige beaucoup
plus de soins et de dépenses.

Le marteau Bérendorf, surtout avec bâti en tôle,
peut se placer sans inconvénient au premier étage
d'une fabrique.

Lorsque l'on désire battre des cuirs entiers, qui exi-
geraient pour la facilité de la manœuvre un écartement de 4 mètres environ entre les colonnes du marteau, on donne au bâti la forme d'un C de grande
dimension, aux extrémités duquel se placent le poinçon et l'enclume, tandis que le balancier, la bielle et
l'arbre à vilebrequin sont disposés à l'arrière.

Machine à lisser.

On emploie souvent, surtout dans le midi de la France, des laminoirs pour le lissage du cuir.

Ces laminoirs se composent de deux galets en bronze tournant en sens contraire, l'un en dessus, l'autre en dessous de la table en bois où l'on présente le cuir et placés au milieu de cette table.

Ces galets sont fixés sur de gros arbres dont les coussinets sont portés par deux forts bâtis reliés entre eux.

L'un de ces bâtis, en forme de C, embrasse la moitié de la table en bois et, placé très-près des galets, supporte l'effort de la pression. L'autre bâti, placé au dehors, reçoit l'arbre moteur armé d'un volant et de poulies, lequel commande par engrenage l'arbre du galet inférieur ; celui-ci commande à son tour l'arbre du galet supérieur au moyen de pignons à longues dents.

On comprend qu'en présentant le cuir sur la table et en l'engageant entre les deux galets en bronze il se trouve entraîné par leur mouvement et comprimé par eux ; car la distance qui sépare ces deux galets est moindre que l'épaisseur du cuir.

Pour que la pression soit toujours la même et variable à la volonté seulement de l'ouvrier, l'arbre du galet supérieur est appuyé par des ressorts énergiques ou des leviers à contre-poids variables ; mais il peut remonter lors du passage des parties de cuir plus épaisses.

Il est évident qu'il faut faire passer au laminoir

successivement toutes les parties du cuir et certaines parties plusieurs fois de suite.

Néanmoins on peut, avec une semblable machine, lisser beaucoup de peaux dans une journée. Mais ce lissage est bien inférieur comme qualité et coup d'œil à celui obtenu avec les marteaux, qui seuls du reste peuvent augmenter la fermeté et la ténacité des cuirs, spécialement de ceux destinés à la fabrication des semelles de chaussures.

CHAPITRE VI

Moulins à coudrer.

Pour agiter les peaux pendant l'opération du gon‑
flement et la préparation au tannage, on emploie des
appareils appelés *moulins à coudrer.*

Cet appareil n'est autre chose, comme son nom
l'indique, qu'un moulin dont l'axe est horizontal et
qui est formé de deux plateaux ronds verticaux en
chêne réunis par six ou huit ailes en bois.

On comprend que si l'on place ce moulin au‑dessus
d'une cuve renfermant des cuirs et qu'on le fasse
tourner, ses ailes chassant l'eau y déterminent un
mouvement giratoire qui se communique aux cuirs
eux‑mêmes.

Pour faciliter ce mouvement on a donné aux cuves
la forme d'un demi-cylindre ayant son axe parallèle à
celui du moulin.

Quelques tanneurs ont employé également des cuves
à section elliptique munies de deux moulinets paral‑
lèles au petit axe de la cuve et tournant en sens con‑
traire l'un de l'autre, de manière à déterminer un même
courant.

Enfin M. Choureau incline les ailes des moulins qu'il construit de manière à les faire agir comme une hélice et à produire à la fois un double courant vertical et horizontal. Ce dernier courant est surtout bien développé lorsqu'on laisse à l'eau un passage entre l'extrémité du moulin et le bord de la cuve.

Les grandes tanneries ont besoin d'un certain nombre de cuves à coudrer qui sont placées généralement les unes à côté des autres, de manière à former un ou plusieurs rangs parallèles.

Il est indispensable de pouvoir arrêter ou mettre en mouvement l'un ou l'autre des moulins placés au-dessus de ces cuves, ce qui nécessitait autrefois pour chacun d'eux un arbre isolé avec double poulie et courroie.

MM. Lesaulnier frères ont eu l'heureuse idée de monter tous les moulins d'une même ligne sur un même arbre qui tourne constamment par l'entraînement d'une poulie motrice placée à son extrémité.

Chacun de ces moulins est fou sur cet arbre ; mais il peut à volonté être mis en communication avec lui et prendre par suite un mouvement de rotation au moyen de clavettes ou fortes goupilles que l'on engage dans les trous correspondants ménagés dans l'arbre et dans de petits plateaux en fonte fixés sur les tourteaux en bois.

Cette disposition nécessitant encore l'arrêt du mouvement général pour enlever et remettre les clavettes, nous avons, suivant l'avis de MM. Lesaulnier, remplacé ces clavettes par des débrayages qui permettent, pendant la marche même et sans interruption , d'arrêter ou de faire tourner l'un quelconque des moulins.

Balayeuse des cuirs.

Lorsqu'on relève les cuirs de fosse, il est indispensable de les balayer pour en faire tomber la tannée et de les brasser pour ouvrir leurs pores.

Cette double opération peut être effectuée économiquement et sans peine par la balayeuse imaginée par M. Henry aîné, ancien tanneur de Bordeaux.

La balayeuse consiste en un long tonneau creux, à jours, ouvert aux deux bouts et formé de barres en bois de 5 centimètres de largeur séparées par un intervalle de 5 centimètres également. Ce tonneau n'est pas cylindrique, mais plus petit d'un bout que de l'autre; il tourne lentement autour de son axe, qui est horizontal.

En jetant les cuirs dans ce tonneau par la petite extrémité, ils roulent sur eux-mêmes tout en se transportant vers la grande extrémité par laquelle ils retombent nettoyés.

Fabrication des jus.

La fabrication des jus de tan est très-importante dans la tannerie. Ces jus sont employés, en effet, non-seulement pour le gonflement des peaux, mais aussi dans les cuves de préparation pour les cuirs forts et dans les fosses où on a l'habitude de faire couler de l'eau chargée de tan.

Il est certain que divers procédés de tannage rapide à la flotte, malgré le discrédit dans lequel ils sont tombés, ont contribué à déterminer les tanneurs à faire un plus grand usage des jus pour accélérer l'opération du tannage.

Les jus ou dissolutions de tan, neuf ou vieux, sont formés à froid ou à chaud.

Les dissolutions à froid se font généralement dans de grandes cuves en bois ou en maçonnerie, étanches, enfouies dans le sol et placées à côté les unes des autres de manière à former un carré.

Ces cuves ont quelquefois un double fond percé de trous. Dans tous les cas, elles présentent dans toute leur hauteur un canal vertical à section triangulaire qui débouche en bas au-dessous du double fond. Un tuyau horizontal, placé à 20 centimètres du bord supérieur, met en communication ce canal avec la cuve voisine. En sorte que si une cuve est pleine jusqu'à la hauteur du tuyau et que l'on continue à y amener de l'eau, celle-ci se déversera par le canal et le tuyau de communication dans la cuve voisine ; et si la première cuve est pleine d'un jus de tan, c'est cette dissolution, vu sa plus grande densité, qui passera dans la cuve voisine.

D'après cela, voici la marche employée pour extraire des écorces la plus grande quantité de tannin.

On remplit une cuve de tan, neuf ou vieux, coupé, broyé ou en cannelles, en ayant soin, lorsqu'il n'y a pas de double fond, de jeter d'abord des écorces en branches qui en tiennent lieu.

On amène dans cette première cuve de l'eau jusqu'à la hauteur du canal de communication, et on la laisse se charger de tannin. Au bout de huit jours on remplit d'écorces la deuxième cuve et on y fait écouler la dissolution de la première en versant dans celle-ci de l'eau pure. Huit jours ensuite, on fait arriver de même la dissolution de la deuxième cuve dans la troisième, et celle de la première dans la deuxième ; et on agit de même pour la quatrième cuve au bout du même temps.

Enfin l'on jette les écorces de la première cuve qui ont été soumises à quatre lavages, et l'on continue l'opération indéfiniment de la même manière, cette première cuve devenant la quatrième.

Ce mode d'opérer permet, comme on le voit, d'obtenir des jus très-chargés et d'extraire des écorces une très-grande partie du tannin qu'elles renferment.

Les dissolutions de tan à chaud se font généralement de la même manière que les dissolutions à froid. Seulement les cuves doivent toujours être munies d'un double fond à jours au-dessous duquel on fait arriver la vapeur par un serpentin en cuivre percé de petits trous. Les tanneurs ont l'habitude d'employer pour faire leurs jus des écorces en branches ou en écossons.

Nous pensons qu'il serait préférable, pour extraire plus rapidement une plus grande quantité de tannin, d'employer les écorces en poudre. On pourrait réserver pour cette opération les plus gros morceaux échappés à la trituration, qui peuvent nuire dans les fosses et qu'il serait facile de séparer.

On est porté à croire que les dissolutions chaudes altèrent la qualité du tannin ; mais, d'un autre côté, l'extraction est plus complète et plus rapide à chaud qu'à froid.

Il serait peut-être convenable de traiter les écorces d'abord à froid et ensuite à chaud.

On pourrait aussi employer des cuves moins grandes dans lesquelles descendrait un panier en osier à jours qui contiendrait les écorces. Ces paniers seraient soulevés par une petite grue à pivot pouvant desservir successivement chacune des cuves.

Pompes et réservoirs d'eau.

Les cuves à jus sont généralement plus élevées que le reste de la cour, ce qui permet d'amener les dissolutions de tan au moyen d'enchenots dans l'endroit où elles doivent être employées.

Néanmoins on a souvent besoin de vider complétement une fosse ou une cuve, et pour cela on emploie un genre de pompe dit *pompe à jus*.

Les pompes à jus sont entièrement en cuivre rouge. Le corps, d'un diamètre de 12 centimètres environ, est muni d'une soupape de retenue et d'aspiration ; le piston en bois porte la soupape de refoulement, et les jus soulevés par ce piston s'échappent par un tuyau latéral soudé à la partie supérieure. Le corps de pompe est prolongé en bas par un tuyau de 5 à 6 centimètres de diamètre, et l'ensemble est garni d'une enveloppe préservatrice en bois.

Les pompes à jus, qui sont portatives et se manœuvrent à bras au moyen d'une brimbale, se placent dans le canal vertical réservé dans les cuves et fosses et rejettent le jus dans un enchenot ou directement dans une autre fosse.

Les tanneurs emploient dans leurs opérations une grande quantité d'eau. Une pompe leur est donc nécessaire, à moins qu'ils n'aient à leur disposition un service d'eau.

Dans tous les cas, il nous paraît utile d'installer dans chaque tannerie un réservoir assez vaste placé à une certaine hauteur et qui sera alimenté soit par le service public, soit par une pompe commandée à bras ou par le moteur de l'établissement.

Cette pompe aspirante et foulante doit être d'une force suffisante pour fournir au besoin, en une ou deux heures de temps, la quantité nécessaire à la consommation de la journée.

Quant au réservoir, il doit desservir la cour, les ateliers, la maison d'habitation, et être muni par conséquent de tuyaux fixes en plomb et de tuyaux flexibles et mobiles en cuir ou en caoutchouc, qui permettent d'amener l'eau dans chacune des fosses.

Grues et chemins de fer.

Il serait fort utile, pour diminuer les frais de manutention, qui sont considérables dans une tannerie, d'établir dans les cours et ateliers des chemins de fer avec plaques tournantes sur lesquels de petits wagonnets transporteraient les produits et matières premières.

Des grues seraient installées dans les cours aux points principaux, et un monte-charges actionné par la machine à vapeur desservirait les divers étages des ateliers.

Ce sont là des appareils qu'on peut éviter dans les petites tanneries, mais qui deviennent indispensables dans tous les grands établissements, car leur installation est beaucoup moins coûteuse qu'on ne le suppose quand elle est bien entendue, et les services qu'ils rendent sont très-considérables. Nous avons visité chez MM. A. Suc, Chauvin et C°, constructeurs à Paris, divers modèles de chemins de fer, wagons, grues, monte-charges et bascules qui nous paraissent convenir parfaitement à la tannerie.

TROISIÈME PARTIE

MATÉRIEL DE LA CORROIERIE
DE LA HONGROIERIE
ET DES MANUFACTURES DE CUIRS VERNIS

TROISIÈME PARTIE

MATÉRIEL DE LA CORROIERIE, DE LA HONGROIERIE
ET DES MANUFACTURES DE CUIRS VERNIS.

CHAPITRE I

MATÉRIEL DE LA CORROIERIE.

De la corroierie.

On se propose, dans les diverses opérations de la corroierie, d'assouplir les cuirs et de les préparer à recevoir les façons de la cordonnerie, du vernissage ou de la bourrellerie. A cet effet, les cuirs tannés sont ramollis par le lavage et le foulage, puis écharnés et nettoyés du côté de la chair avec le couteau. Ils sont ensuite amincis également ou dérayés, puis soumis à l'opération du rebroussage et du crépinage, qui consiste à frotter fortement chacune de leurs parties, fleur contre fleur, ou chair contre chair, au moyen d'une pièce de bois appelée *marguerite* ou *paumelle*. Cet outil affecte une forme bombée dans le sens de sa

longueur et présente sur la partie convexe des cannelures transversales. L'ouvrier enlève la marguerite
qui est fixée par une courroie à son avant-bras, l'applique fortement sur la peau ployée sur elle-même et
la ramène brusquement en arrière.

Quelquefois on passe les cuirs à la paumelle douce.
Enfin on les met au vent, c'est-à-dire que sur une
table en bois, en marbre ou en cuivre, on abat leurs
plis, on en fait sortir l'eau, on les étire et on les lisse,
en se servant successivement d'une pierre à affûter
appelée *queurse*, d'une brosse et d'un couteau spécial
appelé *étire*.

Les cuirs sont tantôt vernis, tantôt mis en huile et
lustrés au safran, tantôt passés au suif et noircis,
suivant les diverses applications qu'ils doivent recevoir.

Toutes les opérations que nous venons d'indiquer
peuvent se faire mécaniquement. Jusqu'ici cependant
les machines sont presque inconnues dans la corroierie : c'est un motif de plus pour nous engager à
en donner la description.

Appareils à fouler les cuirs tannés.

On peut assouplir les cuirs et les fouler au moyen
d'un tonneau semblable à celui qui sert dans la tannerie
à vider de chaux ; ce tonneau est alors armé à l'intérieur de barres et de grosses chevilles en bois.

On peut aussi employer pour le même travail le
foulon horizontal qui a été perfectionné dernièrement
par M. Poisson, mécanicien à Paris.

Le foulon construit par M. Poisson consiste en deux cylindres horizontaux en fonte armés d'un grand nombre de dents ou tiges en fer arrondies à leur extrémité, lesquelles engrènent entre elles et suffisent pour déterminer l'entraînement du cylindre supérieur. Celui du bas est d'ailleurs commandé par un moteur ou à bras, au moyen d'un engrenage à vitesse variable. Les cylindres et leurs tiges sont galvanisés pour ne pas abîmer les cuirs, dont le foulage s'opère en les engageant entre les dents des cylindres, comme pour le foulon ordinaire décrit au chapitre III de la deuxième partie.

Machines à écharner et à dérayer.

Une peau bien dérayée doit avoir la même épaisseur dans toutes ses parties ; on comprend en effet que c'est là une condition essentielle pour obtenir une souplesse régulière exigée dans beaucoup d'applications.

Les ouvriers dérayeurs sont excessivement rares et payés fort cher. Le travail qu'ils ont à faire exige en effet non-seulement une grande expérience et une grande habileté, mais encore une attention continuelle.

Cependant jusqu'ici, malgré quelques tentatives qui n'ont pas donné, il est vrai, des résultats immédiats, les corroyeurs n'ont adopté aucune des machines à dérayer qui leur ont été proposées.

M. Ott a pris un brevet pour une machine à dérayer imitant le mouvement de l'ouvrier, c'est-à-dire ne travaillant qu'une petite partie de peau au moyen d'un mouvement alternatif du couteau.

M. Jesson propose de travailler les peaux étendues sur un tambour ou sur une table en bois, au moyen d'un cylindre tondeur armé de lames d'acier en hélice bien affûtées et tournant rapidement, disposition qui rappelle en principe la machine à écharner de M. Adler.

La peau est attachée sur le tambour, qui en tournant en amène toutes les parties sous l'hélice ; et celle-ci est précédée et suivie de deux rouleaux unis qui retiennent la peau, l'étirent et la polissent.

De ces deux machines la première est très-imparfaite et n'avance pas plus que l'ouvrier, et la seconde, qui pourrait travailler utilement comme écharneuse, n'a pas une régularité suffisante pour faire le dérayage.

Machine à dérayer de MM. Baudoin et Damourette.

Au moyen des perfectionnements que nous avons apportés aux machines à travailler les cuirs et peaux, indiqués dans le brevet pris par nous et M. Baudoin, nous avons construit pour M. Ott une machine à dérayer, qui, admise à l'exposition de 1867, y a obtenu une récompense sur l'avis favorable du jury.

Dans cette machine l'outil travailleur appelé *lunette* est circulaire, concave, en acier, bien affûté sur le bord de sa circonférence, fixé sur la tête d'un arbre vertical et animé d'une très-grande vitesse de rotation.

La peau se place sur un chevalet articulé du pied, que l'ouvrier peut écarter ou rapprocher, et dont la plate-forme supérieure en cuivre monte ou descend suivant l'épaisseur à laisser à la fleur. La peau, que

la lunette travaille par bandes, est entraînée par des
rouleaux alimentaires ou par une mâchoire qui alternativement monte et descend.

Cette machine peut rendre des services pour le dérayage de certaines peaux; mais elle demande trop
d'attention de la part de celui qui la conduit et ne
produit pas assez.

Nous pensons, contrairement à l'opinion générale
des tanneurs et corroyeurs, que la véritable machine
à dérayer est une machine à refendre.

En effet il est facile de se rendre compte que le dérayage, ayant pour but de donner à la peau une
épaisseur égale, ne peut être mieux obtenu que par
le passage de cette peau entre une table fixe et un
couteau aigu écartés l'un de l'autre de cette épaisseur
même, à la condition toutefois que la table et le couteau soient parfaitement rigides et rectilignes.

Mais les contre-maîtres refendeurs, qui ont le plus
souvent des machines défectueuses entre les mains et
qui ont besoin de se faire valoir, ont pris le parti de
travailler en secret de tout le monde, même de leurs
patrons, de régler leur lame suivant les défauts de la
table et du porte-lame, et de tracer ainsi sur la peau
des lignes courbes qui produisent des cuirs d'une
épaisseur irrégulière. Et, comme ils se sont faits pour
la conduite de leur machine une espèce de règle rou-
tinière qui n'est connue que d'eux, il s'ensuit que leur
remplacement est affaire très-grave et qu'ils deviennent indispensables.

Nous affirmons qu'avec notre machine à refendre,
dont nous avons donné la description, il est facile de

dérayer toute espèce de cuir tanné et que la question est complétement résolue dès aujourd'hui.

Il ne dépend donc plus que des corroyeurs eux-mêmes de l'appliquer et d'en faire leur profit. Un de ses avantages sera de dérayer en tripes ou en demi-tannée, et par conséquent de donner lieu à un tannage meilleur, plus rapide et moins coûteux, et à des déchets ayant une plus grande valeur.

Machines à crépir et rebrousser.

On appelle, dans le travail de la corroierie, *crépinage* l'opération qui consiste à frotter fortement un cuir chair contre chair, et *rebroussage* la même façon effectuée du côté de la fleur. On comprend que ces deux opérations se fassent de la même manière, soit manuellement, soit mécaniquement; seulement la deuxième est plus délicate, parce qu'il faut éviter surtout d'abîmer la fleur des cuirs.

Depuis une dizaine d'années on s'est beaucoup oc-cupé des machines à rebrousser, et, grâce au concours de la tannerie, plusieurs d'entre elles sont devenues très-pratiques.

Il y avait là en effet un incitamentum puissant, car non-seulement les ouvriers chargés du rebroussage devenaient rares et élevaient leurs prétentions, mais encore on prévoyait le moment où ils auraient refusé d'entreprendre ce travail, qui en réalité est fort pé-nible et ne peut être accompli par les plus vigoureux que pendant sept à huit années de leur carrière.

Après les grandes et belles machines perfectionnées

par M. Placide Peltereau et M. Delpech, dans lesquelles les marguerites ont un double mouvement de va-et-vient et de transport latéral, ce dernier leur permettant de travailler les cuirs dans toutes leurs parties sans que ceux-ci se déplacent, machines qui n'ont que l'inconvénient d'être trop compliquées et trop coûteuses ; après les essais de M. Bérendorf d'Angers, M. Fleury est l'un des premiers qui aient résolu le problème d'une manière simple et pratique.

Aujourd'hui les tanneurs et corroyeurs peuvent choisir entre les machines de MM. Allard-Ferré, Cattois, Dezaux-Lacour, Allégatière fils, et celle de M. Fleury, construite par M. Bérendorf.

La plupart de ces machines se ressemblant beaucoup, nous ne décrirons que les principales.

Machine à rebrousser de M. Fleury.

La machine à rebrousser de M. Fleury se compose de deux bâtis en fonte entretoisés entre eux ayant la forme dite *tête de girafe*, avec avancement à la partie inférieure pour supporter le chemin de fer de la table qui reçoit le cuir.

Ces deux bâtis portent tout le mécanisme, c'est-à-dire la marguerite, son battant et sa bielle, l'arbre à vilebrequin et la commande.

La marguerite, en bois dur ou en bois garni de zinc ou de cuivre présentant des cannelures, est fixée à l'extrémité inférieure d'un battant en bois dont l'axe de rotation est placé à la partie supérieure des bâtis.

Un arbre à vilebrequin portant poulie motrice et commandant par poulies et courroies un volant régulateur à vitesse accélérée, donne le mouvement de va-et-vient à une longue bielle horizontale, et par suite au battant sur lequel s'attache le petit axe d'oscillation de cette bielle.

Au-dessous de la marguerite se trouve une longue table horizontale sur laquelle on étend le cuir, dont on saisit un des bords au moyen d'une griffe ou d'un rouleau excentré.

Cette table, à laquelle on donne quelquefois de l'élasticité au moyen de ressorts à boudins, est montée sur un chemin de fer porté par les bâtis, ce qui permet de présenter successivement toutes les parties du cuir à l'action de la marguerite.

Après chaque passage de l'outil, l'ouvrier doit avoir la faculté de replier la peau et de pousser la table ; il est donc essentiel que la marguerite se relève dans son mouvement de retour en avant.

Pour arriver à ce résultat, M. Fleury place sur les bâtis de sa machine deux petits chemins de fer parallèles courbes et dont une partie à charnière peut osciller et s'appuie au repos sur un taquet. Le battant est armé de deux petits galets placés à droite et à gauche, lesquels passent sur les chemins de fer pendant le mouvement de travail ou en arrière, mais remontent dessus en soulevant la partie mobile pendant le mouvement en avant ; et par suite la marguerite et le battant, roulant sur les chemins de fer qui sont placés à une hauteur convenable, se soulèvent pendant le retour.

Un système analogue de galets et de chemins de fer existe également à la partie supérieure et a pour but de donner à la marguerite une certaine pression variable suivant le cuir en travail; à cet effet, ces chemins de fer sont articulés et portent des leviers à contre-poids mobiles qui appuient sur les galets et par suite sur la marguerite pendant le mouvement en arrière, c'est-à-dire pendant le travail.

Machine à rebrousser de M. Allard-Ferré.

Dans la machine de M. Allard-Ferré la forme générale des bâtis et des organes est la même que dans la machine précédente.

L'arbre à vilebrequin n'est pas l'arbre moteur; il est actionné, au moyen d'un engrenage ralentissant, par un autre arbre placé au-dessous et muni du volant et de la poulie motrice.

La table qui reçoit le cuir est à chemin de fer comme celle de la machine Fleury. Elle peut marcher, soit à la main, soit par la machine même, au moyen d'un taquet qui, après chaque passe, la fait avancer de la quantité voulue; mais alors, par un déclanchement manœuvré au pied ou à la main, il doit être facultatif à l'ouvrier de suspendre le mouvement pour le cas où il y aurait lieu de travailler deux fois de suite à la même place.

La marguerite est attachée à la partie inférieure du battant, lequel est en bois et armé de deux tirants obliques en fer. Ce battant n'oscille pas directement autour de l'axe placé en tête des bâtis, mais bien autour d'un second axe porté par deux leviers horizontaux clavetés sur l'axe principal; il est actionné par la bielle et l'arbre à vilebrequin.

Le mouvement de remonte de la marguerite pendant le retour est particulier et constitue le caractère distinctif de la machine de M. Allard-Ferré.

Un pignon droit claveté sur l'arbre à vilebrequin commande un pignon semblable et une came réunis ensemble et tournant follement sur un axe porté par l'un des bâtis. Sur cette came vient s'appuyer, au moyen d'une petite roulette, la queue d'un levier oblique, en fer rond, dont la tête est fixée par articulation sur la tête même du battant. Il résulte de cette disposition que la came en tournant pourra soulever à un moment donné, c'est-à-dire pendant le mouvement de retour, le levier, et par suite le battant et la marguerite.

M. Allard-Ferré, pour régler la pression de la marguerite, a disposé les coussinets de l'axe de rotation du battant à coulisse dans leurs supports. En outre il a ajouté un petit mouvement à main qui agit sur le levier de relèvement en l'allongeant ou le raccourcissant, et permet par conséquent à l'ouvrier de lever ou de baisser la marguerite pendant le travail, suivant les épaisseurs et la force des diverses parties du cuir.

Machine à rebrousser de M. Dezaux-Lacour.

La machine à rebrousser de M. Dezaux-Lacour diffère des précédentes et comme forme générale et comme principe.

La table qui reçoit le cuir est toujours horizontale, montée sur chemin de fer, mobile à la main ou à la machine ; mais la marguerite est fixée sur un gros secteur, ou portion de circonférence en bois, animé d'un mouvement de rotation autour de son centre.

A chaque révolution du secteur la marguerite vient frotter en se développant contre la table où elle doit rebrousser ; puis elle remonte au-dessus de son arbre en laissant tout l'espace nécessaire pour que l'ouvrier puisse en dessous ramener et reployer le cuir.

Des bâtis, en fonte ou en bois, entretoisés entre eux, supportent les divers organes ; et le mouvement du secteur et de la marguerite est transmis par engrenages par un arbre moteur portant poulies et volant.

Pour varier la pression sur le cuir et éviter les chocs trop violents qui se produiraient au commencement et à la fin du travail, M. Dezaux-Lacour a placé l'arbre du secteur à l'extrémité d'un bâti incliné pouvant osciller autour d'un axe horizontal situé à la partie supérieure. Ce bâti tend toujours, par son poids, qui est assez considérable, à appliquer la marguerite sur la table ; et ce poids peut être partiellement équilibré au moyen de ressorts de suspension ou de leviers à contre-poids variables.

Pour empêcher que le bâti mobile ne retombe sur la table quand la marguerite quitte celle-ci, on place à l'arrière deux tampons élastiques qui arrêtent et suspendent ce bâti jusqu'à ce que la marguerite vienne de nouveau le soulever.

Les machines à rebrousser et à crépir n'exigent pas une très-grande force motrice ; deux hommes, à la rigueur, peuvent les faire manœuvrer à une vitesse modérée.

Pour marcher régulièrement et rebrousser six à sept côtés de cuir à l'heure, la force de 1 cheval est largement suffisante.

On voit donc que, telles qu'elles sont, ces machines doivent déjà rendre de grands services à la corroierie.

Machines à étirer et à mettre au vent.

Les machines à étirer et à mettre au vent sont encore très-peu employées. Cependant celles dont MM. Salomé et Placide Peltereau sont les inventeurs peuvent déjà rendre certains services.

Machine à étirer de M. Salomé.

La machine de M. Salomé consiste en un rouleau entraîneur, une table en cuivre, une contre-table et une étire, ou gros coin arrondi en cuivre dans lequel est emmanché un long et fort levier en bois.

Le rouleau et les tables sont horizontaux et solidement maintenus par deux bâtis en fonte. La peau est assujettie sur le rouleau entraîneur par des griffes contre lesquelles on l'applique au moyen de coins en bois engagés dans une gorge longitudinale.

Un petit arbre horizontal, portant poulie motrice, transmet au rouleau un mouvement de rotation par l'intermédiaire d'un engrenage susceptible de se débrayer.

Les tables sont assez rigides pour ne pas fléchir sous la pression de l'étire. Elles sont placées l'une au-dessus de l'autre, tout près du rouleau d'entraînement, et leur écartement est moindre que la hauteur de l'étire.

Pour travailler une peau on l'étend sur la table inférieure en cuivre et sur une table en bois qui lui fait suite, puis on la saisit dans la mâchoire du rouleau et on met celui-ci en marche. L'ouvrier prend aussitôt l'étire, l'engage entre la contre-table et le cuir, et appuie fortement sur le levier, de manière à serrer et retenir le cuir entre l'étire même et la table inférieure et à lui faire subir de la part du rouleau une traction plus ou moins forte. L'eau qui s'écoule par suite de l'humidité de la peau tombe dans un réservoir placé en dessous.

On comprend, du reste, que l'étire n'ayant pas toute la largeur d'un côté de cuir, doit être déplacée après chaque opération, de telle sorte que toutes les parties de la peau soient soumises à son action.

On peut aussi remplacer l'étire par une chape portant un rouleau lisse ou cannelé, de nature diverse, suivant le travail que l'on veut effectuer.

Machine à étirer de M. Placide Peltereau.

Dans la machine de M. Placide Peltereau le cuir est étendu à plat sur une grande table, au-dessus de laquelle se promène un long battant vertical qui roule à sa partie supérieure sur deux tringles horizontales, dont les supports roulent à leur tour sur deux autres tringles également horizontales, mais perpendiculaires aux premières ; en sorte que le battant peut se transporter sur tous les points du cuir en travail.

L'extrémité inférieure du battant est terminée par une chape qui est munie de poignée, et qui porte à l'intérieur un rouleau lisse ou cannelé, ou une molette dentelée sur une partie de sa circonférence seulement. C'est ce rouleau ou cette molette qui travaille le cuir lorsque l'ouvrier promène le battant en le faisant osciller.

On peut utiliser le mouvement d'oscillation pour faire avancer l'outil au moyen d'une béquille qu'un ressort tient constamment appuyée contre le plafond ou la table qui supporte les tringles de roulement.

Un raccord à double écrou permet d'allonger ou de raccourcir le battant, tandis que des rondelles en caoutchouc, placées de chaque côté de son support à roulette, lui donnent une certaine élasticité nécessaire pour ne pas effleurer la peau.

Machine à façonner le cuir tanné de MM. Baudoin et Damourette.

Notre machine que nous avons décrite pour travailler de rivière et refendre les peaux en tripes, peut, avec quelques modifications, servir aussi à travailler le cuir tanné.

Pour cela il suffit de supprimer le couteau et son mouvement et de réduire la machine entre deux bâtis, dont l'écartement ne sera plus que de $1^m,50$ environ, suivant la grandeur des cuirs, lorsque toutefois la même machine ne doit pas servir à travailler de rivière des peaux entières.

L'hélice est conservée, ainsi que la table en cuivre et le rouleau entraîneur.

Quant au clavier, il peut rester le même ou être remplacé soit par un clavier à roulettes, soit par une étire semblable à celle de M. Salomé et agissant de la même manière.

L'hélice peut en outre être précédée ou suivie de

rouleaux lisses ou cannelés en cuivre, ou de rouleaux formés de brosses dures.

On voit immédiatement tout le parti que l'on peut tirer d'une semblable machine pour étendre, assouplir, étirer, lisser et nettoyer les peaux ; car elle possède tous les organes des machines précédentes, et en outre des cylindres qui en même temps étendent et travaillent la peau dans toute sa largeur ; et, grâce à l'écartement de la table en cuivre et du rouleau entraîneur, la manœuvre des cuirs est extrêmement rapide.

Au lieu de produire cet écartement au moyen d'un chariot marchant sous l'action de vis à filets carrés, M. Jonquet a eu l'ingénieuse idée de monter les organes mobiles sur deux battants verticaux placés en face des bâtis et articulés par le pied ; en sorte qu'il suffit d'un simple mouvement d'oscillation pour écarter ou rapprocher ces organes.

Nous reviendrons, en parlant des machines de mégisserie, sur cette disposition qui n'est préférable du reste que pour les machines à travailler les peaux en tripes ou tannées, et non pour les machines à refendre, dans lesquelles il est indispensable d'avoir une grande précision, obtenue seulement avec un chariot.

On comprend maintenant que nous avions raison d'appeler l'attention des tanneurs et des mécaniciens sur la nouvelle machine que nous avons construite, puisqu'elle permet de faire toutes les façons de rivière et également les principales façons de corroierie.

Appareils à mettre en suif. — Tonneau en cuivre de M. Delpech.

La mise en suif ou en huile se fait généralement en étendant sur la chair une couche assez épaisse de la matière, et en laissant sécher les cuirs dans des ateliers d'une température modérée pendant sept à huit jours. Cette méthode exige un temps assez long, donne des cuirs mal imprégnés et laisse à la surface une partie de la matière décomposée en pure perte.

Pour mettre en suif ou en huile on doit employer un tonneau fermé ; mais cette opération se ferait d'une manière encore plus complète, plus rapide et plus économique au moyen de l'appareil suivant imaginé par M. Delpech.

Un grand tonneau à double enveloppe, l'une extérieure en tôle, l'autre intérieure en cuivre, muni d'une porte et de deux tourillons creux portés par deux bâtis, reçoit par un engrenage un mouvement de rotation d'un arbre moteur portant poulies.

Un réservoir à double enveloppe en tôle et en cuivre, contenant le suif ou le dégras, communique avec le tonneau par un tuyau qui pénètre à l'intérieur de l'un des tourillons.

Pour mesurer la quantité de matière liquide on peut placer sur le parcours de ce tuyau un plus petit réservoir d'une capacité connue. Enfin des tuyaux munis de robinets amènent la vapeur d'un générateur dans les doubles enveloppes du tonneau et des réservoirs.

Pour mettre en huile ou en suif on jette les cuirs dans le tonneau, on ferme la porte et on fait arriver la

vapeur ; on introduit la quantité de matière jugée nécessaire, et on met en route.

La température s'élève peu à peu dans le tonneau
qui tourne, les cuirs roulent sur eux-mêmes, leurs
pores s'ouvrent et absorbent le dégras dont ils s'imprègnent complétement et régulièrement.

Après une heure de marche on peut arrêter, retirer
les cuirs, et les laisser sécher pendant vingt-quatre à
quarante-huit heures.

Machine à mettre au vent de M. Fitz-Henry.

La machine à mettre au vent de M. Fitz-Henry, tanneur et corroyeur américain, est brevetée, s. g. d. g.,
en France et dans les principaux pays. Elle est appelée à rendre les plus grands services, puisqu'elle sup-
prime (suivant le dire des industriels qui l'emploient) le
rebroussage et le crépinage et qu'elle fait également et
d'une manière parfaite la retenue, les façons de chair
et la mise au vent des bandes de vache et de cuir noir ;
ces opérations se font mécaniquement avec une queurse
ou une étire, absolument comme le ferait l'homme.
La machine de M. Fitz-Henry consiste en un chariot
mécanique, animé d'un rapide mouvement de va-et-
vient et armé de quatre bras, deux en avant, deux en
arrière. Le mouvement est communiqué au chariot
par une longue bielle horizontale actionnée par un
arbre à vilebrequin, muni d'un volant et de poulies
motrices et porté par deux paliers assujettis sur deux
fortes poutres verticales. Le chariot, qui fait environ
cent vingt parcours (allées et venues) par minute,
coulisse sur deux glissières horizontales supportées

par des potences assujetties aux poutres de l'étage supérieur. En dessous du chariot se trouve une grande table horizontale sur laquelle on étend le cuir en travail et qui, posée sur des roulettes à axe mobile, peut être poussée dans tous les sens par l'ouvrier, de manière à amener successivement toutes les parties de la peau sous l'action des outils. Les quatre bras qui portent dans des mâchoires à leur extrémité les queurses ou étires, en fer ou en cuivre, sont articulés autour de deux axes portés par le chariot et appuyés sur le cuir en travail par des ressorts ; ils n'agissent, ceux d'avant que pendant l'aller, et ceux d'arrière que pendant le retour, en sorte que le cuir est toujours étendu et jamais ramené en arrière ; en outre il est facile à l'ouvrier, au moyen d'un débrayage, de suspendre le mouvement de l'un ou l'autre des bras travailleurs.

La machine de M. Fitz-Henry fonctionne à Paris chez MM. Lesaulnier frères et M. Marcelot, tanneurs, qui en sont très-satisfaits ; nous ne saurions trop engager les corroyeurs à la visiter.

Les corroyeurs se chargent souvent du détail pour la cordonnerie, c'est-à-dire qu'ils découpent eux-mêmes les cuirs pour en faire des brides à sabots, des semelles, des tiges ou autres parties de la chaussure. Ils emploient à cet usage diverses machines dont nous croyons devoir renvoyer la description aux chapitres qui traitent du matériel de la cordonnerie, industrie à laquelle ces opérations se rattachent.

Ainsi qu'il est facile de s'en rendre compte, le progrès est encore plus lent dans la corroierie que dans la tannerie. Déjà de nombreuses machines pourraient y être employées avec avantage ; mais sauf celles qui servent à rebrousser, elles sont complétement inconnues.

Nous espérons que les corroyeurs auront à cœur de sortir de leur insouciance et qu'ils chercheront, tout en conservant leur ancienne réputation de supériorité dans le travail manuel, à produire plus rapidement et plus économiquement, résultat qui ne peut être obtenu que par les machines.

CHAPITRE II

De la hongroierie.

On appelle *cuirs façon de Hongrie* ou simplement *cuirs de Hongrie*, ceux dans lesquels le tannage est remplacé par une absorption de chlorure d'aluminium obtenue en faisant réagir à chaud le sel marin ou chlorure de sodium et l'alun du commerce ou sulfate double d'alumine et potasse.

Les peaux sont d'abord rasées soigneusement, l'emploi de la chaux devant être évité; puis elles sont foulées au pied dans un grand tonneau renfermant un mélange d'alun et de sel marin bien chaud et que l'on doit renouveler de temps en temps.

Ces peaux sont ensuite étendues sur une table basse, étirées à la main et au pied très-fortement et passées au suif.

Les cuirs de Hongrie sont employés dans les fabriques de courroies pour faire des cordes et des lanières, dans la bourrellerie et la cordonnerie à bon marché. Leur prix est bien moins élevé que celui des cuirs tannés, mais aussi ils n'ont ni la même imperméabilité et ténacité, ni la même souplesse.

Les hongroyeurs ont cherché à remplacer dans la mise en alun le foulage au pied qui est très-pénible pour les ouvriers.

M. Delpech a pris à ce sujet un brevet pour une grande cuve tournant lentement sur pivot et chemins de fer, dans laquelle les cuirs sont mélangés à la dissolution de sel marin et d'alun et foulés par deux pilons mis en mouvement par le même moteur qui fait tourner la cuve.

Cet appareil peut rendre des services, mais il ne foule pas régulièrement. L'application à la mise en alun faite par M. Lepelley, tanneur-hongroyeur de Paris, des cuves oscillantes ou à balancement est bien préférable.

Balanceuses de M. Lepelley.

Ces appareils, employés avec un succès complet, consistent en une cuve carrée peu profonde portée par un axe d'oscillation horizontal placé en dessous soit au milieu, soit à une extrémité.

Le mouvement d'oscillation ou de balancement est donné par une bielle verticale attachée par articulation sur la cuve et commandée par une manivelle à mouvement circulaire alternatif ou continu.

Les cuirs sont jetés dans la cuve, on y verse la dissolution et on met en marche. Pour éviter que le liquide ne jaillisse au dehors, ce qui pourrait arriver, bien que le mouvement soit lent, on peut donner aux cuves un recouvrement partiel aux deux extrémités. Cela est d'autant plus nécessaire que pour augmenter le foulage on ajoute dans la cuve de grosses boules ou un gros rouleau en bois, qui roulent librement dans un sens et dans l'autre et contribuent beaucoup à accélérer le travail.

Pour étirer et lisser les cuirs de Hongrie et les mettre en suif, on peut employer les machines que nous avons déjà décrites pour la corroierie.

CHAPITRE III

Des cuirs vernis et de leur fabrication.

Les cuirs vernis ont pris de nos jours une importance considérable en France, où ils sont employés surtout pour la carrosserie et la cordonnerie.

Les principaux industriels qui s'occupent de la fabrication des cuirs vernis ont établi à cet effet de belles manufactures parfaitement distribuées et agencées et pourvues de tous les appareils nécessaires à une grande exploitation. Ils sont arrivés ainsi à livrer leurs produits en grande quantité à des prix comparativement peu élevés et cependant rémunérateurs, sans pour cela nuire à la qualité, leur supériorité étant reconnue d'une manière générale.

Jusqu'ici les fabricants de cuirs vernis tiennent la tête dans l'industrie des cuirs, et leur clientèle s'étend dans tous les pays civilisés.

Les cuirs vernis sont fabriqués avec des cuirs tannés et corroyés de premier choix qui doivent, à leur réception, être vérifiés, examinés avec soin et soumis de nouveau à diverses façons s'il est nécessaire.

Les capotes de voiture sont faites avec les peaux de

bœuf ou de vache les plus saines et les plus larges, dédoublées à la machine à refendre en tripes et égalisées ensuite. Les autres cuirs pour chaussures ou carrosserie proviennent de peaux de vache ou de veau bien dérayées.

Avant de passer la couleur et le vernis, on applique sur les cuirs divers apprêts et l'on fait sécher dans des étuves. Les cuirs sont également poncés et polis soit à la main, soit mécaniquement.

La composition des apprêts, de la couleur et des vernis est extrêmement importante ; mais, comme cette question est du domaine de la chimie, nous ne nous en occuperons pas dans cet ouvrage.

Matériel des manufactures de cuirs vernis.

Les fabricants de cuirs vernis qui tannent et corroient eux-mêmes doivent posséder en leur usine tous les outils et machines que nous avons déjà indiqués pour ces industries. Ils doivent surtout se munir de machines à refendre et à dérayer ne laissant rien à désirer ; car il est essentiel que leurs produits aient partout la même force et la même souplesse, et ce résultat pour être obtenu à la main revient excessivement cher.

Les cuirs ayant été tendus sur des cadres pour recevoir les apprêts sont ensuite séchés dans des étuves.

Celles-ci consistent généralement en chambres fermées par de grandes portes en tôle et chauffées par de puissants calorifères.

Il est utile, ainsi que MM. Arthus frères l'ont indiqué en un brevet, que l'air chaud soit renouvelé ; car au bout d'un certain temps il se charge de l'humidité qui se dégage des peaux, et son action devient presque nulle. A cet effet on fait communiquer les étuves avec des aspirateurs qui en absorbent l'air et les vapeurs, soit par intermittence, soit d'une manière continue. On pourrait également, au lieu d'aspirateurs, avoir des ventilateurs refoulant dans les étuves l'air chauffé dans les calorifères.

Machines à poncer et à polir les cuirs.

Les machines à poncer et à polir sont de deux genres, suivant que, l'axe de l'outil restant à peu près à la même position, le cuir se déplace à la main comme dans les machines à battre; ou suivant que, le cuir restant fixe sur une table, l'outil tout en travaillant se promène au-dessus.

Les machines de M. Senat et de M. Jesson sont du premier genre; celle de M. Sueur est du second.

La ponceuse de M. Senat consiste en une pierre ronde fixée à l'extrémité inférieure d'un axe vertical creux tournant au centre d'un grand bâti en forme de voûte entre les montants duquel se trouve la table sur laquelle l'ouvrier présente le cuir successivement dans toutes ses parties. Directement en dessous de l'outil se trouve un tampon qu'une pédale fait monter plus ou moins pour exercer sur le cuir, au moment du travail, une pression plus ou moins grande.

On peut travailler soit avec une pierre ponce, soit avec une pierre lisse humectée d'eau dont on remplit l'axe creux, en ayant soin alors de saupoudrer la peau de pierre ponce en poudre, soit avec une brosse ou un tampon.

M. Senat indique aussi dans son brevet une autre disposition de polissoir, animé d'un mouvement de va-et-vient qu'il reçoit d'une bielle actionnée par une manivelle.

Dans la machine de M. Jesson, le bâti est en col de cygne, et la ponceuse possède un double mouvement de rotation et de va-et-vient.

Machine à poncer et polir de M. Sueur.

Dans la machine à poncer et polir de M. Sueur, ainsi que nous l'avons indiqué, le cuir en travail est étendu sur une grande table fixe.

Au-dessus se promène l'outil ponceur ou polisseur animé d'un mouvement de rotation et dirigé par l'ouvrier au moyen de deux manettes qui permettent d'appuyer sur cet outil, et en même temps de le faire courir sur la peau.

Le mouvement giratoire est communiqué à la ponceuse de la manière suivante :

Un pignon d'angle à douille coulisse sur un arbre horizontal placé au-dessus de la table, lequel reçoit du moteur général un mouvement de rotation qu'il transmet au pignon au moyen d'une clavette fixe régnant dans toute sa longueur. Autour de la douille de ce pignon, et entraîné par lui, grâce à un second pignon d'angle, oscille un deuxième arbre horizontal, perpendiculaire au premier, lequel peut coulisser dans son support oscillant et porte à son extrémité la cage qui reçoit la ponceuse. Enfin, le mouvement de cet arbre est communiqué à l'axe de la ponceuse par un engrenage d'angle.

D'après cette disposition très-ingénieuse, la ponceuse tourne constamment et peut être promenée sur toutes les parties du cuir, puisque ses supports peuvent coulisser en long et en travers de la table.

La machine à polir et à poncer de M. Sueur nous paraît plus pratique que les précédentes, parce qu'il est plus facile de promener l'outil que la peau. Cet outil pourrait du reste, comme dans la machine Jesson, recevoir un mouvement giratoire et rectiligne alternatif.

QUATRIÈME PARTIE

MATÉRIEL
DE LA MÉGISSERIE, DE LA CHAMOISERIE
ET DE LA MAROQUINERIE

QUATRIÈME PARTIE

MATÉRIEL DE LA MÉGISSERIE, DE LA CHAMOISERIE ET DE LA MAROQUINERIE

CHAPITRE I

MATÉRIEL DE LA MÉGISSERIE

De la mégisserie.

Le mégissier emploie les plus petites peaux de mouton, d'agneau, de chevreau et de veau et les prépare pour la ganterie. Il en fait aussi des peaux blanches et travaille également les peaux en laine pour les bonnets, fourrures, etc.

Les peaux fraîches sont lavées et séchées rapidement en ayant soin qu'elles ne fermentent pas. Les peaux qui arrivent sèches à la fabrique sont mises à tremper pendant deux à trois jours pour les amollir ; on les place ensuite sur le chevalet où on leur enlève les plus grosses aspérités avec un couteau tranchant et où également on les assouplit en écrasant le nerf avec un couteau émoussé.

On met ensuite les peaux préparées en chaux pour en faire tomber le poil.

Pour cela on emploie soit une bouillie de chaux ou de sulfhydrate de chaux, soit un mélange de chaux et de sulfure alcalin, ou encore de chaux et d'orpiment. Les peaux étant étendues sur une table la laine en dessous, on les enduit complétement du côté de la chair avec la bouillie de chaux ; puis on les met en retraite les unes sur les autres, deux par deux chair contre chair, puis chaque paire, laine contre laine.

Les peaux, étant restées ainsi en retraite deux à trois jours suivant leur force, celle du réactif et la température, sont lavées légèrement dans une eau courante, puis surtondues et pelées sur le chevalet avec une pierre queurse.

Après le pelage les peaux sont mises successivement dans les pelains ou bains de chaux qui servent à les gonfler, les attendrir, les dégraisser ; elles passent d'abord dans un pelain usé, puis dans un pelain neuf. Cette opération est quelquefois supprimée.

Les peaux pelanées, appelées *cuirets*, sont écharnées et rognées, puis mises dans l'eau, où elles sont maintenues plongées. Elles sont dédoublées à la machine à refendre, dérayées ou égalisées, travaillées à la queurse.

Les cuirets ainsi préparés sont mis dans un confit ou bain d'eau aigrie par un peu de son qui remplace quelquefois complétement les pelains ; car il sert également à faire fermenter, assouplir et amollir les peaux. Ces confits demandent un très-grand soin, et leur composition comme leur température varie suivant le produit que l'on veut obtenir. Il en est de même des bains suivants qui servent pour le tannage et la mise en farine.

Le tannage des peaux de mégisserie se fait comme celui des cuirs de Hongrie par le chlorure d'aluminium obtenu par la réaction du chlorure de sodium sur l'alun. La préparation d'alun et de chlorure de sodium varie suivant la nature des peaux que l'on travaille, et celles-ci sont tantôt passées au bain sans agitation, tantôt foulées dans le bain même dans des balanceuses ou des tonneaux.

Pour mettre en pâte ou en farine on prend pour cent peaux 6 à 7 kilogrammes de farine que l'on délaye dans l'eau provenant du bain d'alun de la précédente opération; on fait tiédir et on forme une pâte claire, à laquelle on ajoute cinquante jaunes d'œufs que l'on pétrit complétement. Les peaux sont passées dans ce bain l'une après l'autre; on les laisse tremper jusqu'au lendemain, puis on les fait sécher à l'air sur les perches de la penderie pendant huit à quinze jours.

En dernier lieu les peaux sont lavées dans l'eau claire et ouvertes et étirées sur le palisson, qui consiste en une plaque de fer arrondie fixée verticalement sur un support solide. L'ouvrier prend la peau des deux mains et l'étire dans les deux sens sur la tranche émoussée de l'outil.

Pour façonner les peaux en laine appelées *houssées*, on choisit les plus belles peaux, les plus belles laines que l'on défeutre, s'il est nécessaire, dans un bain chaud à l'eau de savon.

L'emploi de la chaux est supprimé complétement, et par suite les façons deviennent plus difficiles et exigent les plus grands soins.

La fermentation est opérée dans un vieux bain de son presque usé.

Le tannage est effectué par le chlorure d'aluminium, en ayant soin de ne pas plonger les peaux, mais de les étendre sur une table, la laine en dessous, et de les enduire ainsi du côté de la chair ; on pourrait aussi baigner ces peaux en les cousant en sac deux à deux, la laine en dedans.

On laisse la pâte pendant quinze à dix-huit heures sur la peau afin qu'elle se raffermisse, puis on fait sécher à la penderie.

Les peaux, après le séchage, sont mouillées à l'eau pure, pliées, entassées et chargées. Après deux jours de repos elles sont ouvertes et étirées au palisson et au chevalet, et séchées au soleil.

Des diverses machines employées dans la mégisserie.

Les principales machines employées dans la mégisserie et dont nous allons donner la description sont : les machines à échardonner ; les machines à écharner, queuser ou travailler de fleur et de chair ; les scies à refendre pour dédoubler les peaux ; les machines à dérayer ; les foulons ; les tonneaux ronds ou carrés pour faire revenir les peaux sèches, fouler, vider de chaux, mettre en alun ou en farine ; les machines à doler ou égaliser ; les machines à ouvrir ou palissonner. On emploie aussi, pour le séchage, des étuves à air chaud avec ventilation.

Machines à échardonner et à tondre la laine.

Les mégissiers reçoivent quelquefois les peaux de mouton non tondues ; ils doivent alors enlever la laine pour la revendre aux marchands ou fabricants spéciaux.

Avant de faire la tonte il est d'usage d'enlever à la laine la plus grande partie de la graisse, du suint et des chardons dont elle est imprégnée, surtout lorsqu'elle provient de pays étrangers. Cependant on connaît maintenant divers moyens de brûler les chardons par des acides et de les séparer à l'état de poussière par un battage mécanique, et par conséquent, il devient moins important d'échardonner avant la tonte, parce que cette opération enlève toujours un peu de laine.

L'extraction de la graisse et du suint se fait par des lavages successifs dans des eaux chargées d'urine.

Les meilleures machines à échardonner et à tondre sont, à notre avis, celles de MM. Tavernier, Tisserenc et Aubanel. Ces deux machines peuvent être à volonté séparées ou réunies sur les mêmes bâtis, car elles ont entre elles beaucoup d'analogie. La machine à échardonner consiste en un gros cylindre en fonte ou en bois tourné qui sert à recevoir la peau et en cylindres préparateurs et travailleurs dont la circonférence vient passer près du contour du premier. Tous ces cylindres sont parallèles, à axes horizontaux et supportés par deux bâtis verticaux en fonte ou en bois entretoisés qui portent en outre les poulies et engrenages moteurs. Le gros tambour est animé d'un mouvement lent, la peau y est étendue et attachée par une extrémité dans une gorge longitudinale, où elle est maintenue serrée par une barre compressible appuyée par un ressort ; à un ou deux points de la circonférence une encoche fait écarter la barre et permet le changement de la peau en travail.

Les cylindres préparateurs consistent en un ou deux rouleaux lisses et surtout en un cylindre à double hélice dont les spires, à partir du milieu, se développent à droite et à gauche. Cette hélice double, déjà employée par M. Lepelley dans sa machine à travail de rivière, est indispensable pour enlever les plis et constitue une des principales particularités de la machine.

Avant et après la double hélice se trouvent deux cylindres batteurs ou échardonneurs qui ont la forme d'un moulin, en bois ou en métal, armé de quatre ou six lattes, également en bois ou en métal, qui, passant près de la fleur de la peau, battent la laine et en font sortir les chardons. On peut adjoindre à ces batteurs un peigne formé d'un tambour en bois ou en fonte armé de longues pointes qui passent dans la laine, la divisent et en arrachent les malpropretés.

La machine à tondre est disposée comme celle à échardonner. Elle possède le tambour entraîneur, les rouleaux préparateurs, le cylindre à hélice ; mais les batteurs y sont remplacés par un peigne et une lame tondeuse. Le peigne, qui tourne en sens contraire de l'hélice et dans le même sens que le tambour entraîneur, relève la laine contre le tondeur. Cet outil n'est autre qu'une lame d'acier bien affûtée rasant la fleur

et animée, pour favoriser la coupe, d'un mouvement
rectiligne de va-et-vient.

Machines à travailler de rivière, de fleur et de chair.

Les machines à travail de rivière sont aussi indispensables dans la mégisserie que dans la tannerie.

Les principales sont celles :

De M. Adler;

De M. Jonquet;

De MM. Baudoin et Damourette.

Machine de M. Adler.

Dans cette machine les peaux sont étendues sur
une table élastique horizontale légèrement inclinée, et
travaillées par une hélice à double spire horizontale
tournant avec une vitesse de douze cents tours environ au-dessus de la table.

L'ensemble de la machine est porté par deux bâtis
solides en fonte bien entretoisés.

La table repose sur un châssis guidé latéralement
et entraîné en avant ou en arrière par l'action d'un
pignon sur une crémaillère. Cependant, le châssis
étant un peu incliné, le mouvement de retour peut
être effectué à la main en débrayant l'arbre du pignon.
Au moyen de leviers manœuvrés par un arbre à vis
muni d'un volant, la table peut remonter et se rapprocher plus ou moins de l'hélice travailleuse; son
élasticité est obtenue par des feuilles de caoutchouc
et de feutre recouvertes de cuir.

L'hélice, à doubles spires, se développant en sens

contraire à partir du milieu, comme celles des machines qui précèdent, peut être accompagnée de cylindres préparateurs lisses ou cannelés. Cette hélice est composée de différentes matières suivant le travail que l'on veut obtenir. Ainsi elle est formée de lames d'acier tranchantes, pour l'écharnage ; de cuivre ou bronze formant arêtes arrondies, pour les façons de fleur ; de pierres à aiguiser, pour le queursage. L'inclinaison dans les deux sens de ses spires a pour but de développer tous les plis au moment du travail.

La manœuvre de la machine est du reste très-simple.

On étend la peau sur la table ramenée en avant et abaissée, on la saisit par une extrémité contre le bord au moyen d'une barre appuyée par des leviers ; on renvoie la table, on la relève jusqu'à ce que la peau vienne en contact de l'hélice, et on met en route.

Les machines de M. Adler ont été bien construites et bien perfectionnées. Grâce à l'habileté des personnes qui les exploitent, elles sont fort répandues malgré leur prix, qui nous paraît trop élevé. Cependant, à notre avis, et bien qu'elles rendent déjà des services, leur disposition est moins avantageuse que celle des machines dont la description suit.

Dans l'écharnage, par exemple, toutes les chairs enlevées s'accumulent autour de l'hélice et donnent lieu à une grande augmentation de force ; on est même obligé, lorsque la peau est un peu grande, de la faire en plusieurs passes successives, ce qui donne lieu à une perte de temps.

Machine de MM. Baudoin et Damourette.

Cette machine, dont nous avons déjà parlé au chapitre III de la deuxième partie, est supportée dans son ensemble par deux bâtis verticaux. Ses organes sont : un cylindre travailleur à double hélice et un clavier à touches mobiles (que l'on peut supprimer), placés tous deux en face de tables élastiques ; une queurse avec contre-table en liége et un rouleau entraîneur.

Le cylindre travailleur, la queurse et le clavier sont portés par les bâtis fixes de la machine et placés les uns au-dessus des autres, tandis que le rouleau entraîneur, la table en liége et les deux tables élastiques se trouvent sur un chariot mobile qui permet l'écartement pour la pose de la peau et le rapprochement pour son travail.

Les principaux avantages de cette disposition sont : la grande facilité et la rapidité de la manœuvre, l'absence complète de plis, la faculté de queurser et façonner en même temps, et enfin la liberté d'action de l'hélice dégagée de toutes les chairs et débris enlevés, qui tombent naturellement sur le sol. Nous pouvons affirmer que la force nécessaire à cette machine n'est pour l'écharnage que le tiers, et pour les autres façons que la moitié de celle exigée par la machine de M. Adler.

Machines de M. Jonquet et divers.

Le brevet de M. Jonquet est très-étendu et renferme, à côté d'un grand nombre d'idées connues et appliquées, les principes d'une machine à travail de rivière analogue à celles qui viennent d'être décrites, mais dans laquelle l'inventeur a eu l'heureuse idée de faire porter les tables élastiques et le rouleau d'appel par un châssis vertical articulé à sa partie inférieure et pouvant à volonté s'écarter ou se rapprocher du cylindre-hélice.

La machine à tondre de MM. Tavernier, Tisserenc et Aubanel, bien construite, pourrait également servir à travailler de rivière. Il en serait de même de la machine à dérayer de M. Jesson.

Machines à refendre et à dérayer.

Ainsi que nous l'avons expliqué au chapitre 1er de la troisième partie, il n'existe pas jusqu'ici de bonne machine à dérayer ou mettre les peaux d'égale épaisseur; cependant il serait possible de construire une telle machine en suivant les principes établis dans notre machine à refendre; il est évident, en effet, qu'une refente bien faite équivaut au dérayage; mais il est indispensable que la coupe soit effectuée par une lame plane le long d'une table plane.

Nous avons décrit, au chapitre IV de la deuxième partie, la machine à scier les peaux de mouton, dans laquelle le clavier est supprimé. Il nous paraît préférable de conserver cet organe et d'adopter les dispositions de la grande machine que nous avons décrite au même chapitre et pour laquelle nous avons pris un brevet d'invention en nom commun avec M. Baudoin.

Foulons à sec.

On emploie dans la mégisserie des foulons obliques ou verticaux qui servent à faire revenir les peaux, à les vider de chaux ou à les mettre en alun, mais surtout à les assouplir et à les mettre en farine.

Les foulons verticaux consistent en une rangée ou batterie de pilons en bois soulevés par des cames ou autrement et retombant par leur propre poids dans une auge dans laquelle on jette les peaux à travailler. Ces pilons, dont la tige est en bois équarri, se terminent à la partie inférieure par une large semelle bombée de 50 centimètres de longueur environ.

Les foulons obliques sont plus généralement employés.

Ils consistent en une ou plusieurs paires de grosses mailloches en bois, dont la tête, en forme de gradins, vient battre ou fouler les peaux dans une auge très-solide et dont la tige ou le manche, formé d'une pièce de bois de 2 à 3 mètres de longueur et de fort équarrissage, est articulé à la partie supérieure autour d'un axe fixé soit aux poutres du plafond, soit sur un bâti en bois.

Un arbre à deux vilebrequins opposés, muni d'un volant et de deux poulies fixe et folle pour la commande, est placé à l'arrière et donne, par l'intermédiaire de bielles horizontales, le mouvement d'oscillation aux mailloches.

Tonneaux, turbulents et balanceuses.

Pour faire revenir les peaux sèches ou pour vider de chaux, on peut employer un tonneau rond ou un turbulent carré, lorsqu'on n'a pas à sa disposition une machine à travailler de rivière, dont l'usage est préférable, mais moins répandu.

La mise en alun et la mise en farine peuvent être effectuées soit par les balanceuses de M. Lepelley, soit par les tonneaux ou turbulents.

Nous ne reviendrons pas sur ces machines dont la description a été donnée au chapitre iii de la deuxième partie et au chapitre ii de la troisième.

Machines à doler les peaux.

On emploie avec succès depuis quelques années des meules en bois émerisé pour le dolage des peaux blanches, c'est-à-dire pour les nettoyer, les polir, les égaliser. Ces meules, de 70 à 90 centimètres de diamètre, tournent avec rapidité ; l'ouvrier prend la peau des deux mains et la passe sur la meule du côté de la chair dans toutes leurs parties.

La poussière folle qui s'échappe pendant le travail du dolage étant très-incommodante pour les ouvriers, on ajoute souvent, comme dans les machines construites par M. Bérendorf, un aspirateur qui enlève cette poussière et l'entraîne dans un espace fermé où elle se dépose.

Machines à palissonner.

Le palissonnage, qui est une des dernières opérations de la mégisserie, est pénible et fatigant pour les ouvriers. On a cherché à le simplifier au moyen de machines ; mais jusqu'ici la réussite n'a pas été complète.

Une des machines proposées consiste en deux paires de rouleaux entraîneurs ou alimentaires, parallèles, placées à peu de distance l'une de l'autre sur le même bâti ; entre ces rouleaux se trouve le palisson, au-dessus duquel tourne librement un petit cylindre élastique. La peau, étant engagée entre les appareils alimentaires, se trouve redressée et étirée sur le palisson, parce que cet outil est un peu plus élevé que le plan des lignes de contact, et que des appareils alimentaires l'un va plus vite que l'autre ; l'un sert d'entraîneur et l'autre de retenue ou d'étendeur. Lorsqu'une extrémité échappe aux derniers rouleaux, elle est maintenue sur le palisson par le petit cylindre élastique.

On peut proportionner la différence de vitesse entre l'entraîneur et la retenue à l'allongement nécessaire et remplacer les appareils alimentaires par des mâchoires actionnées par crémaillère ou vis.

M. Ott a imaginé également une machine dans laquelle il n'y a qu'un appareil alimentaire pour l'entraînement, la retenue étant faite à la main par l'ouvrier.

Afin de pouvoir dégager la peau, le rouleau inférieur de l'alimentaire est monté sur un battant articulé à sa partie inférieure et qui s'écarte sous l'action d'un ressort, lorsque le pied de l'ouvrier ne le maintient pas de manière à amener en contact les deux rouleaux et à déterminer l'entraînement.

Etuves et penderies.

Les étuves et les penderies en plein air, garnies de perches, sont indispensables aux mégissiers, qui ont besoin à plusieurs reprises de faire sécher un très-grand nombre de peaux.

Les étuves sont chauffées par des calorifères, ou par l'échappement de vapeur de la machine, tantôt en toute saison, tantôt en hiver seulement ; mais il est surtout essentiel que de puissants ventilateurs renouvellent constamment l'air et activent ainsi l'évaporation de l'eau et son entraînement au dehors des étuves.

CHAPITRE II

De la chamoiserie.

Les peaux chamoisées sont travaillées presque de la même manière que les peaux mégissées, avec cette différence toutefois qu'une mise en huile remplace la mise en alun et en farine.

Les peaux sont, pour la chamoiserie, amollies à l'eau, mises en chaux, surtondues et pelées et mises au pelain. Elles sont ensuite égalisées ou dérayées et effleurées, c'est-à-dire qu'avec un couteau concave, dont les bords seuls sont tranchants, on enlève l'épiderme sur le chevalet, surtout pour les peaux de bouc et de chèvre. Cette opération a pour but de donner de l'épaisseur, du cotonneux et de la souplesse.

La fermentation et le gonflement ont lieu dans un confit ou bain d'eau et de son aigri.

Après le gonflement les peaux sont mises en huile, du côté de la fleur, avec la paume de la main, roulées en boules quatre par quatre et jetées au moulin à pilons ou au foulon oblique, qui en travaille généralement douze douzaines à la fois.

Après deux heures environ de foulage les peaux sont mises au vent, repassées en huile et foulées de nouveau.

Suivant la nature des produits employés et la température, on fait successivement un plus ou moins grand nombre de mises en huile, de foulages et de mises au vent.

Après ces opérations les chamois sont étendus sur des perches dans une étuve dont on peut régler à volonté la température. Ils sont ensuite façonnés de nouveau et remaillés, c'est-à-dire qu'avec un outil spécial, qui ne coupe pas, mais arrache, on enlève le reste de l'épiderme.

Après cette façon on passe au dégraissage. Les peaux sont mises à tremper dans une lessive chaude faite avec des cendres de bois ou de la potasse; au bout d'une heure de lessivage elles sont retirées, tordues et essorées à la presse, puis enfin étirées et ouvertes au palisson.

La liqueur provenant du lessivage prend le nom de *dégras* et est employée dans la corroierie.

Matériel de la chamoiserie. — Presses.

Le matériel des chamoiseurs doit être à peu près le même que celui des mégissiers; les étuves, les foulons leur sont surtout indispensables; ils ont besoin en outre de presses à essorer.

Ces machines peuvent être ou des presses hydrauliques ou des laminoirs.

Les presses hydrauliques sont tellement employées dans l'industrie, qu'elles doivent être bien connues; nous en donnerons cependant une description sommaire.

Quatre fortes colonnes en fer verticales réunissent le socle de la machine avec un plateau fixe supérieur. Dans le socle est venu de fonte un cylindre creux de gros diamètre, dans lequel pénètre un deuxième cylindre ou piston terminé à sa partie supérieure par un plateau. Entre les fonds du cylindre et du piston se trouve de l'eau, dont la pression soulève à la fois le piston et son plateau. On comprend donc que, suivant qu'on fera arriver de l'eau dans le cylindre ou qu'on en fera sortir, le plateau mobile montera ou descendra.

L'eau est amenée par des tuyaux très-résistants au moyen d'une pompe à bras de petit diamètre ; une deuxième pompe, de diamètre plus grand, sert pour le commencement de l'opération ; car, d'après un principe de physique, la force développée sur le plateau mobile est proportionnelle au rapport des sections du cylindre et de la pompe, et la vitesse d'ascension de ce plateau est en raison inverse de ce rapport.

L'écoulement de l'eau a lieu au moyen d'un tuyau muni de robinet qui la ramène dans la bâche alimentaire des pompes.

Pour se servir d'une presse hydraulique pour l'essorage des chamois, on fait descendre le plateau mobile ; on y étend les peaux les unes sur les autres, ou en les séparant par des feutres, et on fait monter le piston de manière à presser les peaux entre deux plateaux.

On peut se rendre compte de la puissance des presses hydrauliques. En effet, en supposant que la section du piston soit de 6 décimètres carrés ou de 600 centimètres carrés, et celle de la pompe de 3 cen-

timètres carrés, que la force maximum des deux manœuvres soit de 50 kilogrammes agissant sur un levier
dix fois plus grand que celui de la résistance, l'effort
sur le plateau sera égal à $50 \times 10 \times \frac{600}{3}$, ou à
100 000 kilogrammes.

Les laminoirs se composent de deux gros cylindres
placés horizontalement en contact l'un au-dessus de
l'autre et marchant en sens contraire. Ces cylindres
sont recouverts de matières compressibles, et en dernier lieu d'un feutre absorbant ; les coussinets du cylindre supérieur sont mobiles et appuyés par des vis
de butée, de forts ressorts ou des leviers avec contre-
poids. Une table fixe en bois est placée en avant et en
arrière de ce cylindre, un peu en dessous de son arête
supérieure.

Pour essorer les chamois avec le laminoir, on les
pose un à un sur la table et on les fait engager entre
les cylindres.

Bien que l'on se serve, pour engager les peaux, de
feutres placés en dessous ou de tout autre moyen,
l'emploi des laminoirs à deux cylindres est assez dangereux ; on doit leur préférer ceux à un seul cylindre
avec table compressible.

Dans ces dernières machines le cylindre supérieur
est libre et pressé contre la table par vis, ressorts ou
leviers ; la table reçoit un mouvement de va-et-vient
en glissant sur un chemin de fer par l'entraînement
de deux crémaillères actionnées par pignons ; il suffit
par conséquent, pour essorer une peau, de l'étendre
sur la table et de la laisser passer sous le cylindre.

CHAPITRE III

De la maroquinerie.

La maroquinerie est une industrie qui a pris beaucoup de développement pendant ces dernières années, surtout à Paris, où les maroquins sont employés spécialement dans l'ameublement, la broderie, la reliure, la gaînerie, la sellerie, et dans les fabriques de sacs, portefeuilles et porte-monnaie.

Les maroquiniers emploient dans leur fabrication les petites peaux de veau et les grandes peaux de mouton et de chèvre.

Les peaux de veau sont traitées au tannin comme dans les tanneries.

Elles sont donc nettoyées, ramollies, épilées à la chaux, pelanées, puis écharnées, queursées et façonnées de rivière de fleur et de chair. Tantôt elles sont dédoublées en deux, tantôt on se contente de baisser les têtes, c'est-à-dire d'en diminuer l'épaisseur et de les dérayer ou égaliser. Le tannage s'opère après plusieurs passages successifs dans des cuves à coudrer contenant des jus de tan de plus en plus forts, soit dans des fosses, soit à la flotte.

Après ces préparations et de nouvelles façons, les veaux tannés sont envoyés à l'atelier de teinture.

Les peaux de mouton et de chèvre sont traitées comme dans la mégisserie; elles sont ou dédoublées ou seulement dérayées; le tannage de ces peaux est effectué avec du sumac, produit très-riche en tannin, et la mise en farine est supprimée. Avant le tannage, qui a lieu ordinairement par agitation dans de grandes cuves renfermant une dissolution de sumac, on doit avoir soin d'extraire complétement la chaux et de laisser fermenter et ouvrir dans un bain de son aigri.

Les peaux tannées sont envoyées également à l'atelier de teinture.

Contrairement aux autres teintures, celle en rouge se fait avant le tannage, ainsi qu'il suit :

Les peaux sont cousues deux à deux, la chair en dedans, de manière à former un sac imperméable à l'air. On passe ces sacs dans un bain de chlorure d'étain qui sert de mordant et dans un bain de cochenille qui doit donner la teinte rouge. Après un rinçage, on découd les sacs d'un côté et on y introduit du sumac; on les plonge ainsi dans une grande cuve renfermant une dissolution faible de sumac, où ils sont agités pendant quatre à cinq heures et abandonnés pendant un temps plus ou moins long. Le tannage étant ainsi effectué, les peaux sont décousues, séchées et façonnées une dernière fois.

Les teintures ordinaires se font après le tannage en plongeant les peaux cousues en sac la chair en dedans successivement dans une dissolution mordante et dans la liqueur tinctoriale, et quelquefois ensuite dans un bain tournant; souvent aussi on applique ces dissolutions chaudes sur la fleur de la peau étendue sur une table de verre ou de marbre entretenue elle-même à une température convenable.

Les mordants donnent à la couleur plus de fixité et d'éclat, en déposant des substances ayant pour la peau une très-grande affinité et formant avec les matières colorantes des combinaisons très-stables. Tantôt ces mordants ne modifient pas les nuances, tantôt au contraire ils les changent complétement.

Les tournants sont des substances qui, appliquées après les liqueurs tinctoriales, en font tourner ou changer la couleur.

Après la teinture les peaux sont polies, poncées ou striées, granulées, quadrillées.

Des diverses machines employées dans la maroquinerie.

Il est évident que les maroquiniers ont besoin, comme les mégissiers, d'échardonneuses, de machines à écharner et à travailler de rivière sur fleur et sur chair, de scies à refendre et à baisser les têtes, de dérayeuses, de foulons et de tonneaux ou turbulents, de doleuses, palisonneuses et d'étuves. Ils emploient également comme les chamoiseurs des presses à essorer, et comme les tanneurs des moulins à coudrer pour la préparation des veaux au tannage.

Les maroquiniers doivent avoir en outre des cuves à agitation pour la mise en sumac, des bains et des tables pour la préparation et l'application des mordants et des couleurs, et enfin des machines à polir et à quadriller.

Nous ne parlerons que des appareils qui n'ont pas été décrits dans les chapitres précédents.

Cuves à agitation pour la mise en sumac.

Les cuves à agitation qui servent pour la mise en sumac des peaux destinées à être peintes en rouge sont de forme conique à section circulaire ; elles ont environ 4 mètres de diamètre à la partie supérieure, $1^m,60$ au fond, et $2^m,50$ de profondeur.

On les remplit sur une profondeur de $1^m,50$ d'une dissolution faible de sumac, et on y plonge les sacs formés de deux peaux et remplis de sumac en poudre.

L'agitation est produite d'une manière constante par le balancement continuel de deux petits barils en bois de 1 hectolitre environ de capacité.

A cet effet les deux barils sont pendus à l'extrémité de deux longues tringles de fer auxquelles ils sont attachés par articulation ; ces tringles ou bielles sont elles-mêmes fixées par une rotule sur deux manivelles clavetées aux extrémités d'un arbre placé au-dessus de la cuve, à 2 mètres au moins de hauteur, et tournant avec la transmission générale.

Le mouvement de rotation des manivelles occasionne un balancement par montée et descente des barils, et par suite une agitation de l'eau.

Pour empêcher que les barils ne se heurtent aux parois inclinées de la cuve, on les guide par deux bagues glissant le long de tringles fixées sur ces parois.

Des bains et tables chauffés à la vapeur.

La préparation des dissolutions de mordants et de couleurs s'opère dans des réservoirs en cuivre à double fond, chauffés soit par la vapeur d'échappement, soit par la vapeur directe de la chaudière quand la première ne suffit pas.

Les tables sont en marbre ou mieux en verre, et les différents apprêts se mettent sur la peau bien étendue, sans que celle-ci soit détachée entre chaque opération, s'il est possible.

Les dissolutions étant appliquées chaudes, il est préférable de chauffer également les tables. Pour cela on place ces tables sur le dessus d'une caisse en tôle dans laquelle on fait arriver de la vapeur de manière à entretenir une température convenable ; pour empêcher la déperdition de la chaleur, on entoure la caisse sur tous les côtés et en dessous d'un ou de deux rangs de briques.

Machines à polir et à quadriller.

Les machines à polir et à quadriller sont de deux genres : à battant oscillant et à table marchante.

Dans les machines à battant, le petit cylindre polisseur ou quadrilleur, qui tourne librement, est monté à l'extrémité inférieure d'un long battant en bois dont la tête est articulée en haut près du plafond et qui peut par conséquent osciller sous l'action de la main ou d'une bielle commandée mécaniquement. La peau est placée en dessous de l'outil, sur un chevalet en bois dont la courbure suit pendant quelque temps la circonférence décrite par le battant. Elle est retenue et avancée à la main, de telle sorte que toutes ses parties soient successivement travaillées. L'outil varie du reste suivant le grain que l'on veut obtenir ; c'est un cylindre lisse en verre ou en métal, ou un rouleau en acier ou en bronze présentant en creux le quadrillage et les dessins que l'on veut produire en relief.

Dans les machines à table marchante la peau est étendue et collée sur une table horizontale qui se promène dans un sens ou dans l'autre, sous l'action de crémaillères commandées par pignons et manivelle.

Le cylindre travailleur, polisseur ou quadrilleur est placé au-dessus de la table et tourne librement en roulant sur la peau en travail, sur laquelle il est fortement appuyé par des ressorts ou des leviers à contre-poids.

On emploie aussi pour quadriller les peaux un grand tambour en bois qui a généralement 2 mètres de longueur et 2 mètres de diamètre, et qui doit être parfaitement cintré et tourné. On y étend une dizaine de peaux que l'on colle avec soin, et on le fait tourner très-lentement au moyen d'engrenages et d'une manivelle. Au-dessus du tambour une petite lame verticale en acier, pressée par un ressort, trace un sillon sur les peaux. Ce sillon serait un cercle si l'outil restait fixe ; mais pendant le mouvement du tambour, il se transporte très-lentement parallèlement à l'axe, grâce à l'entraînement d'une longue vis actionnée par engrenages ; en sorte que le tracé se compose sur chaque peau d'une série de lignes parallèles très-rapprochées. En changeant la position des peaux par rapport à l'outil, on obtient une série de lignes parallèles croisant les premières, c'est-à-dire un quadrillage.

De la parcheminerie.

Les parchemins, qui ne sont plus employés que pour quelques instruments de musique, sont fabriqués avec des peaux de veau, d'âne, de loup, de chèvre ou de porc.

On fait subir à ces peaux les opérations ordinaires de la mégisserie. Au sortir des pelains elles sont tendues sur des herses ou cadres en bois où les ouvriers enlèvent complétement la chair et nettoient la fleur. Les peaux sont ensuite saupoudrées de chaux et de carbonate de chaux, et polies à la pierre ponce, puis séchées à l'ombre, raturées au fer tranchant et polies de nouveau.

CINQUIÈME PARTIE

MATÉRIEL DES MANUFACTURES DE COURROIES ET DE CHAUSSURES

CINQUIEME PARTIE

MATÉRIEL DES MANUFACTURES DE COURROIES ET DE CHAUSSURES

CHAPITRE I

MATÉRIEL DES FABRIQUES DE COURROIES

De la fabrication des courroies.

La fabrication des courroies a pris depuis quelques années une grande extension, qui est la conséquence naturelle de l'augmentation progressive du service des machines dans l'industrie.

Malgré de nombreuses tentatives, les courroies en cuir artificiel, en gutta-percha ou en toute autre matière n'ont pu remplacer avantageusement les courroies en cuir qui sont toujours préférées, bien que leur prix soit très-élevé.

Pour fabriquer de bonnes courroies il faut employer du cuir supérieur, tanné et corroyé avec le plus grand soin.

Dans les bandes ou moitiés de peau on réserve les parties les plus fortes appelées *noyau* pour faire les courroies principales, et les parties les plus faibles ou le ventre pour faire les petites courroies ou pour tout autre usage.

Les croupons visités et allongés sont découpés en bandes parallèles de la largeur des courroies qu'on se propose de fabriquer, puis ces bandes sont laminées ou égalisées d'épaisseur et jointes ensemble bout à bout.

La jonction s'opère en appointant les bandes et en réunissant les langues ainsi obtenues, soit par un collage, soit par une couture, soit par des vis ou des rivets. Les courroies ainsi terminées sont tendues ou allongées et mises en magasin. Les principales manufactures de Paris et de la province sont fournies de toutes les machines nécessaires à une bonne fabrication, c'est-à-dire de machines à découper les bandes ; de machines à laminer et à jonctionner ; de presses à coller et d'outils pour faire des lanières ; de machines à coudre ou à visser ; enfin de treuils à tendre ou allonger les croupons ou les courroies.

Machine à découper les bandes.

Cette machine, dont l'usage n'est pas encore très-répandu, consiste en un double chariot manœuvrant au-dessus de la table sur laquelle on étend le cuir.

Deux bâtis en fonte, placés en regard l'un de l'autre à une distance de $2^m,50$, sont entretoisés entre eux :

en bas par des poutres en bois ou en fonte qui servent de support à la table de coupe, et en haut par deux tringles en fer rond, guides des coulisseaux du chariot principal.

Au milieu et à la partie supérieure les bâtis reçoivent dans des coussinets une forte vis à filets carrés rapides, commandée à la main par une manivelle placée au dehors. Cette vis porte le chariot principal, lequel se compose, outre l'écrou et les coulisseaux glissant sur les tringles-guides, d'un long support transversal portant en avant les glissières du deuxième chariot, et sa vis à courts filets actionnée à la main par une petite manivelle. Le mouvement de cette vis fait avancer transversalement le deuxième chariot qui porte le couteau ou outil tranchant.

Enfin sur ce deuxième chariot est attachée une aiguille indicatrice dont la pointe se promène sur les traits d'une règle en cuivre divisée en millimètres et fixée sur le chariot principal.

Pour diviser un croupon en bandes, on l'étend sur la table, sur le bord de laquelle on saisit l'extrémité de l'un de ses petits côtés au moyen d'une pince. On fait avancer le petit chariot jusqu'à ce que l'aiguille indicatrice soit au zéro de la règle graduée, et on dispose le couteau de manière que dans cette situation il suive le bord du croupon pendant le mouvement de marche du chariot principal ; si le bord du croupon n'était pas bien droit, on commencerait par faire une coupe franche en faisant une passe au couteau.

On fait alors avancer le chariot transversal jusqu'à ce que l'aiguille indicatrice marque sur la règle graduée la largeur que l'on veut donner à la courroie, et à l'aide du chariot principal on donne une passe au couteau.

On recommence cette opération jusqu'à ce que le croupon soit entièrement divisé, en prenant sur la règle graduée deux fois ou trois fois la largeur de la courroie pour la deuxième ou troisième bande.

Il faut que le porte-couteau puisse se relever à volonté, pour ne pas entailler le cuir pendant les manœuvres transversales ; pour cela il peut être monté à charnière ou sur un petit chariot vertical. La plus grande précision doit exister dans le chariot transversal. Quant au chariot longitudinal, il suffit qu'il soit bien guidé, de telle sorte que l'outil trace des lignes bien parallèles. La vis peut donc être remplacée par une crémaillère, une chaîne galle ou tout autre moyen d'entraînement.

Machines à égaliser les courroies et à préparer les jonctions.

Le cuir et par suite les bandes de courroies n'ont pas partout la même épaisseur. Sans chercher à régulariser complétement cette épaisseur, ce qui conduirait à affaiblir les meilleures parties, on peut du moins enlever au couteau les plus fortes irrégularités et soumettre l'ensemble à un laminage par compression.

Ces opérations peuvent être effectuées par une machine à couper les cuirs tannés de petite dimension, laquelle sert également à préparer les jonctions.

Ainsi que nous l'avons déjà indiqué au chapitre IV de la deuxième partie relatif aux machines à refendre, la machine à couper les cuirs tannés, modifiée pour les fabriques de courroies, se compose de deux bâtis transversaux bien entretoisés, d'un couteau fixe, d'un rouleau entraîneur, d'un cylindre libre, d'une table flexible pour la coupe et de la commande.

Le couteau à biseau aigu, bien affûté, est attaché horizontalement au moyen de boulons sur son support qu'il dépasse de 15 millimètres environ.

Le rouleau entraîneur, placé en avant du porte-couteau, est en fonte et présente une grosse rainure longitudinale qui le traverse de part en part. On passe la bande de cuir à travailler dans cette rainure, on lui fait faire un demi-tour autour du rouleau et on la maintient à la main pour qu'elle ne glisse pas.

L'entraîneur est commandé soit à la main par un engrenage d'angle dont le pignon est fixé sur un petit arbre portant manivelle, soit à la vapeur par un engrenage droit à débrayage facultatif dont le pignon est fixé sur un arbre muni de poulies de commande.

Le rouleau libre est en cuivre et formé de plusieurs bagues juxtaposées. Son axe en fer tourne librement dans un support en fonte évidé qui peut lui-même osciller autour d'un axe supérieur à celui du rouleau. Il en résulte que l'on peut, au moyen d'une manette, relever ou abaisser à volonté le support, et par suite le rouleau libre. En outre, les coussinets des tourillons du support sont à coulisse dans leurs guides et peuvent monter ou descendre, de manière à régler, comme il convient, l'écartement entre le rouleau libre et le biseau du couteau, écartement qui correspond l'épaisseur à laisser à la fleur du cuir.

La table flexible est en fonte garnie de cuivre dans

la partie voisine de la coupe, où elle se termine par une arête arrondie qui doit se trouver dans le plan vertical de l'axe du cylindre et du biseau du couteau.

On donne à cette table une certaine flexibilité en lui permettant d'osciller autour d'un axe horizontal situé environ au tiers de sa largeur à partir de l'arête de coupe. Cette oscillation, nécessaire pour faciliter le passage des parties plus fortes en chair, est produite par l'action d'un arbre horizontal armé de cames agissant sur l'arrière de la table ; cet arbre est commandé à droite ou à gauche par un levier à manette que l'on arrête au moyen d'un guide à crans dans la position convenable.

Lorsque l'on veut égaliser des bandes de courroie avec la machine que nous venons de décrire, on règle le cylindre libre à l'épaisseur voulue au moyen de vis appuyant sur les coussinets de son support et on le relève. On passe la bande en laissant la fleur en dessus, on l'enroule sur l'entraîneur, on la maintient à la main, et on met en marche. Il est évident que le couteau ne travaille que dans les parties les plus fortes et que l'on veut diminuer.

Lorsque l'on veut laminer des bandes de cuir, on doit avoir une machine d'une largeur double de celle des plus larges courroies en fabrication, et réserver sur un des côtés un espace pendant lequel le couteau est remplacé par un deuxième cylindre libre placé en regard et en dessus du premier, que l'on règle encore à l'épaisseur convenable. On comprend alors que pour laminer les bandes il suffit de les enrouler sur l'entraîneur et de les faire passer entre les deux cylindres libres qui les compriment.

Il serait préférable d'avoir, pour laminer les bandes, une machine spéciale sans entraîneur, composée, comme tout laminoir, de deux rouleaux lisses en cuivre tournant en sens contraire, et dont l'écartement serait variable à volonté.

Pour amincir en pointe les cuirs ou préparer les jonctions, il faut remplacer les vis de butée des coussinets du cylindre fixe par deux leviers articulés dont l'une des extrémités appuie sur ces coussinets, et dont l'autre est soulevée par une came venue de fonte ou rapportée aux deux extrémités du rouleau entraîneur. En effet, dans le mouvement de rotation de ce rouleau, les cames venant soulever les leviers, ceux-ci abaissent graduellement les coussinets et le cylindre libre, et par suite les bandes de cuirs sont amincies en pointes par le couteau.

Outils pour découper les lanières.

Pour faire une jonction on rapproche les deux bouts amincis de deux bandes et on les réunit soit par un collage, soit par une couture, soit au moyen de vis et de rivets.

On emploie pour le collage un apprêt spécial dont on enduit les parties de cuir qui doivent être appliquées l'une contre l'autre, on maintient la jonction serrée dans une presse jusqu'à ce que l'adhérence soit complète et la colle bien sèche.

Malgré diverses recettes très-préconisées, tous les

apprêts connus n'ont pu présenter une résistance complétement satisfaisante, et ils ne doivent pas être employés pour des courroies de fatigue.

La couture se fait avec des lanières ou avec du fil ciré très-résistant, le même que l'on emploie dans la sellerie et la bourrellerie.

Les lanières sont découpées dans du cuir ordinaire, et de préférence dans du cuir de Hongrie, au moyen d'outils spéciaux.

Lorsque les lanières sont faites avec des déchets de cuir, on les découpe au moyen d'un emporte-pièce formé d'un ruban en acier enroulé en spirale, dont une des branches est amincie en biseau et coupante, tandis que l'autre est emmanchée dans la face inférieure d'un maillet en bois dur sur la tête duquel on frappe avec un marteau. La distance des spires est partout la même et égale à l'épaisseur que l'on veut donner aux lanières.

Lorsque les lanières sont faites avec des croupons ou de grands morceaux de cuir, on peut employer soit un couteau fixe à plusieurs lames, soit un couteau mobile à une seule lame.

Dans le premier cas on découpe le cuir en bandes dans lesquelles on puisse prendre un certain nombre de lanières, douze par exemple ; on l'étend sur une table et on attache une de ses extrémités sur un petit rouleau entraîneur marchant à la main. L'outil est formé de onze couteaux verticaux dont la distance, variable à volonté, est égale à l'épaisseur demandée pour les lanières. Lorsque le croupon est saisi sur le rouleau, on abaisse l'outil de telle sorte que les couteaux pénètrent dans la peau, et on fait marcher l'entraîneur. La bande de cuir forcée de passer sur les couteaux est ainsi divisée en douze lanières égales.

Dans le deuxième cas, on enlève au milieu du croupon, au moyen d'un emporte-pièce, un trou rond de 18 millimètres de diamètre environ ; on étend ensuite le cuir sur une table de manière à ce que le trou vienne entourer un petit pivot faisant saillie, au-dessus duquel, dans la même verticale, se trouve un deuxième pivot porté par une arcade.

Le couteau mobile est monté sur un chariot à vis porté par un bras horizontal terminé par un axe vertical dont les deux pointes sont engagées dans les deux pivots, en sorte que si l'on fait tourner le bras autour de son axe, le couteau décrit une circonférence de cercle, à la condition que sa distance au centre de rotation ne change pas ; mais comme la vis du chariot est actionnée par deux petits engrenages dont la roue de commande est montée fixe sur le pivot supérieur, ce couteau décrit non pas une circonférence, mais une spirale dont le pas est variable à volonté par le simple changement des engrenages ; le couteau découpera donc en tournant une lanière plus ou moins forte.

Les lanières une fois découpées sont passées dans un laminoir à section circulaire qui les arrondit et les égalise ; puis elles sont appointées aux deux extrémités.

La couture avec lanières se fait en perçant avec un emporte-pièce dans les bandes de cuir de petits trous ronds équidistants et formant, suivant la largeur de la courroie, un plus ou moins grand nombre de rangées parallèles, dans lesquelles on passe les lanières soit directement, soit en les chevauchant.

Machines à coudre les courroies.

Les courroies sont cousues soit à la main, soit à la machine au moyen d'un fil fort et ciré dont on forme des rangs de piqûres parallèles. Les machines à coudre les courroies ne diffèrent pas comme principe de celles employées à la couture ordinaire ; mais leurs organes doivent être plus solides et elles peuvent être commandées à la vapeur.

La courroie, placée sur une table horizontale, est guidée latéralement par une réglette à talon qui peut s'écarter plus ou moins de l'aiguille suivant les écartements mêmes des rangs de piqûres. Elle est poussée à la main ou par deux petits ameneurs en forme de roues dentelées. Il est bon de faire à l'endroit des piqûres un sillon obtenu par pression, soit dans une machine à estamper, soit par deux petits galets comprimeurs placés sur la machine à coudre en avant de l'aiguille.

Les coutures une fois faites doivent être abattues au marteau à la main, ou mieux au laminoir.

Machines à visser les courroies.

Pour visser les courroies on commence par fixer la jonction aux quatre coins au moyen de rivets en cuivre dont la tête est rabattue sur de petites rondelles en tôle de fer galvanisé.

Les machines à visser employées pour les courroies

sont les mêmes qui servent pour la chaussure ; seulement le support appelé *bigorne* y est remplacé par une table plane en fonte portant latéralement un guide à talon, qui peut s'écarter plus ou moins de l'outil et qui sert à guider la courroie.

Treuils à tendre les croupons et les courroies.

Il est essentiel que les croupons soient tendues fortement avant d'être découpés, afin de faire disparaître les poches et les plis qui existent toujours malgré les façons de corroierie.

Il est essentiel aussi que les courroies soient soumises à une traction rationnelle qui, sans nuire à la qualité, redresse les courbures produites par les jonctions et augmente sensiblement la longueur, tout en diminuant les causes d'arrêt qui proviennent de l'allongement au moment de la mise en marche.

Les machines à tendre les croupons consistent en un grand bâti en bois très-fortement relié par des tirants en fer et en deux pinces ou mâchoires de 1 mètre de longueur environ, l'une pouvant se fixer dans diverses positions sur le bâti, l'autre mobile sous l'action de deux fortes vis parallèles.

Le dessus du bâti est un cadre rectangulaire dont les quatre côtés sont formés par des longrines en chêne de fort équarrissage.

Sur les deux longrines principales on fixe, au moyen d'encoches et de boulons, la première pince de telle sorte que la distance entre elle et la deuxième soit à peu près égale à la longueur du croupon.

Celui-ci est saisi à chacune de ses extrémités par ces deux mâchoires et tendu par le recul donné à la pince mobile par les deux vis parallèles dont il a été question, vis qui sont commandées par deux engrenages multiplicateurs de la force dont le premier est mis en mouvement par un arbre à manivelle.

On doit laisser le croupon tendu pendant un certain temps, et on peut avoir en dessous un ou deux rouleaux parallèles aux pinces dont les coussinets à coulisse peuvent remonter au moyen de deux vis verticales, en soulevant le cuir et lui donnant ainsi une plus grande tension.

Pour tendre les courroies on se contente généralement de les attacher par une extrémité à un poteau ou crochet assez éloigné, et par l'autre extrémité au tambour d'un petit treuil à manivelle. Ce système est évidemment très-défectueux, parce que la courroie ainsi tendue est très-encombrante, exposée en partie à l'humidité de l'air ou à la pluie, et que l'on ignore sa tension.

Il est préférable de se servir d'un tendeur à mouvement rotatif composé de cinq poulies parallèles montées sur un même bâti. La première de ces poulies est fixée sur un arbre tournant dans des coussinets rigides et portant pour la commande du mouvement deux poulies, une fixe et une folle. Les quatre autres poulies sont folles autour de leurs axes, et ceux-ci peuvent varier au moyen de fortes vis de rappel.

D'après cette disposition, si l'on fait passer une courroie sur ces diverses poulies, soit sur deux, trois, quatre ou cinq suivant sa longueur, en la tendant au moyen des vis de rappel et qu'on fasse tourner tout en tendant de nouveau pendant la marche, s'il est nécessaire et au fur et à mesure de l'allongement, on comprend que l'on aura en cet appareil la meilleure machine à tendre les courroies, puisque celles-ci y sont soumises au même travail qui leur sera demandé plus tard. Mais les tendeurs tournants ont l'inconvénient de coûter plus cher que les treuils ordinaires et de brunir les courroies, ce qui peut nuire à la vente.

Les tendeurs généralement employés sont formés d'un treuil mobile, de rouleaux mobiles et d'une pince ou mâchoire fixe.

La pince fixe est attachée horizontalement sur un gros mur un peu au-dessus du plancher du premier étage.

Le treuil mobile est attaché en face de la pince sur les poutres du plancher au moyen de quatre boulons et de traverses à une distance variable suivant la longueur des courroies. On fait faire aux longues courroies plusieurs allées et venues en les passant autour de rouleaux mobiles attachés sur les poutres comme le treuil. Pour tendre une courroie il suffit de la saisir dans la pince et sur le tambour du treuil et de tourner celui-ci jusqu'à ce que la tension soit suffisante.

Lorsque l'on n'a pas à sa disposition de poutres de plancher assez solides, on peut disposer les organes tendeurs sur un bâti en bois composé de quatre longues poutrelles parallèles, entretoisées et réunies à chaque extrémité et en leur milieu par un bâti transversal.

On peut aussi supprimer le treuil et le remplacer par une pince mobile actionnée par vis de rappel et engrenages.

Dans les divers appareils que nous venons de décrire, on ne connaît pas la tension qui est donnée au cuir, et cependant il est nécessaire de ne pas dépasser une certaine limite, au delà de laquelle les qualités de la peau seraient compromises. C'est pour obvier à cet inconvénient que nous avons construit pour M. Placide-Peltereau, de Château-Renault, un tendeur à courroies dans lequel le treuil est actionné au moyen d'engrenages multiplicateurs par un levier horizontal à rochets sur lequel agit un curseur dont le poids est connu. Ce curseur peut être placé sur le levier en différents points près desquels sont inscrites les forces correspondantes à cette position et à des poids de 10, 20, 30 kilogrammes, etc.

On sait donc exactement l'effort de traction auquel sont soumises les courroies.

En outre, grâce au levier horizontal, on peut laisser agir la traction pendant un certain temps, jusqu'à ce que l'allongement ne se produise plus sensiblement, tandis que dans les treuils ordinaires la tension diminue au fur et à mesure de l'allongement.

Jonctions des courroies dans les usines.

Pour mettre une courroie sur deux poulies et la réunir dans les usines, on emploie soit des lanières soit des boutons à vis.

Les lanières bien passées tiennent mieux que les boutons, mais elles forment une surépaisseur nuisible, et leur pose est plus longue et plus difficile. Nous pensons qu'on doit préférer les boutons à double vis pour les courroies neuves et celles qui sont animées d'une grande vitesse, et réserver les lanières pour les courroies de fatigue, à mouvement lent, ayant produit leur premier effet d'allongement ; dans tous les cas, les extrémités des courroies doivent être amincies et les lanières posées avec le plus grand soin.

CHAPITRE II

MATÉRIEL DES MANUFACTURES DE CHAUSSURES

De la fabrication des chaussures.

Ces dernières années, depuis surtout que le gouvernement a demandé aux usines particulières les fournitures dont il avait besoin pour ses armées, les manufactures de chaussures ont pris un très-grand développement.

Les chaussures ordinaires sont en cuir et se composent de la semelle extérieure en cuir fort, de la fausse semelle intérieure en cuir mince, de l'empeigne ou dessus du soulier, que l'on appelle *tige* dans les bottes, et du talon.

La fabrication des chaussures se divise en deux parties, savoir : le choix et la préparation des différentes pièces, et leur réunion ou assemblage.

Les semelles sont faites avec du cuir fort, bien tanné, bien serré et bien battu ; si le cuir n'est pas assez ferme, il faut lui faire subir un second battage. Les semelles sont découpées à l'emporte-pièce au moyen d'un découpoir à balancier ; puis dans une machine à estamper, on leur donne la courbure ou cambrure qu'elles doivent conserver, et on y forme près du contour le sillon dans lequel la couture doit se noyer.

Les talons sont formés de morceaux de cuir fort assemblés par collage et chevillage ou vissage ; ils sont découpés au moyen d'emporte-pièce.

Les empeignes et les tiges sont en cuir de veau ou de vache verni ou mis en noir, ou en peau de veau ou de chèvre teinte en couleur variée pour les souliers de femme. Elles sont découpées à la main, au couteau et au moyen de gabarits, afin de faire dans la peau la distribution la plus avantageuse, tout en évitant les défauts et les déchets. La machine à cambrer donne aux tiges et aux empeignes leur forme ou cambrure.

Les fausses semelles sont en cuir de deuxième qualité, jaune ou blanc ; elles sont découpées à l'emporte-pièce.

Les chaussures sont cousues au fil avec ou sans chevilles, ou vissées, ou chevillées en fer ou en bois. On établit d'abord l'empeigne sur la forme en faisant les deux coutures de côté ou celle de l'arrière suivant que cette empeigne est en un ou deux morceaux, et on y ajuste intérieurement la garniture en étoffe. Puis on réunit la fausse semelle à l'empeigne en rabattant celle-ci tout autour, opération qui demande un grand soin et que l'on appelle *le montage*.

On rapporte ensuite la semelle avec couture, vis ou chevilles, et enfin les talons au moyen de longues vis ou chevilles.

Les talons et les bords de la semelle sont déformés ou plutôt formés, façonnés à la fraise ou râpe circulaire et polis à la meule d'émeri.

On a introduit dans la fabrication des chaussures

différentes modifications, spécialement pour les bottines et souliers de femme, dans lesquels souvent les talons sont en bois ou en composition, la semelle forte remplacée par une semelle mince, l'empeigne en étoffe, etc.

Nous allons passer en revue les diverses machines employées dans les manufactures de chaussures. Elles sont nombreuses et déjà fort employées ; mais leur usage doit encore s'étendre, afin de permettre de fabriquer mieux et à meilleur compte l'une des parties de la confection les plus nécessaires à l'homme.

Marteaux à battre les cuirs forts ou les semelles.

Il est souvent nécessaire de comprimer à nouveau les cuirs à semelles.

On emploie pour cela un marteau semblable à celui que nous avons décrit au chapitre v de la deuxième partie. Mais pour augmenter la pression il convient de diminuer le diamètre de l'enclume et du marteau. Et, comme on travaille des morceaux de cuir et non des côtés entiers, on peut diminuer beaucoup les dimensions du bâti, et par suite la force des différentes pièces et le prix de la machine.

Machines à découper les semelles, les fausses semelles et les talons.

On se sert pour découper les semelles et les talons de découpoirs à levier ou mieux à balancier.

Dans ces dernières machines, le bâti est d'une seule pièce en fer, tôle ou fonte, en forme de C avec plate-forme ; il est supporté lui-même par un deuxième bâti en bois, très-solide, ayant la forme d'une table.

La tête de C porte un gros écrou en bronze qui reçoit une forte vis à plusieurs filets carrés terminée à sa partie supérieure soit par un volant, soit par une verge en fer forgé avec lentilles. La verge ou le volant doit passer au-dessus de la tête de l'ouvrier et être muni d'une poignée pour la mise en marche.

La vis se termine à la partie inférieure par un plateau rectangulaire maintenu pendant le mouvement par un doigt qui coulisse dans une rainure verticale ajustée sur le bâti. Pour donner plus de rigidité à ce plateau, on le surmonte quelquefois d'une pièce en fonte de 20 centimètres de longueur environ à section carrée et coulissant entre deux guides attachés au bâti.

L'emporte-pièce, en acier, à biseau et trempé, est placé sous le plateau où il est retenu soit par des vis de pression, soit par un enduit gluant.

La plate-forme du bâti reçoit un gros billot en bois debout dans lequel le mouvement de l'emporte-pièce vient s'amortir sans que l'outil risque de s'abîmer.

La forme de C que nous avons indiquée pour le bâti est la plus commode, parce qu'elle permet de présenter à l'emporte-pièce des morceaux de cuir de grande dimension.

Les découpoirs à balancier peuvent être manœuvrés à la main ou commandés à la vapeur, ce qui n'est réellement utile que dans les grandes manufactures.

Dans ce cas, il suffit de donner le mouvement par contact au volant supérieur dont la couronne à section carrée est enveloppée extérieurement d'un cuir ou d'une matière compressible. Ce volant est actionné par deux plateaux verticaux montés sur un même arbre horizontal, lequel, passant au-dessus du volant, est muni en outre de deux poulies, fixe et folle, pour la commande et est supporté par deux grands bâtis verticaux. Un levier à main permet de chasser légèrement l'arbre horizontal, soit à droite, soit à gauche, de manière à mettre l'un ou l'autre des plateaux verticaux en contact avec le volant, et par conséquent à donner à ce volant un mouvement de rotation dans un sens ou dans l'autre, et par suite, enfin, à faire monter ou descendre la vis et l'emporte-pièce.

Les découpoirs que nous venons de décrire peuvent servir, en variant les emporte-pièce, à découper toute espèce de semelles, fausses semelles, talons et pièces diverses pour la chaussure.

Ils sont également employés d'une manière à peu près exclusive pour la fabrication des brides à sabots, des fourreaux et articles divers.

Machines à estamper les semelles.

Les machines à former et estamper les semelles employées dans les fabriques de chaussures ont, comme aspect et mécanisme, une grande analogie avec les machines à découper.

Cependant, comme la pression est plus considérable, il est préférable de donner au bâti la forme d'un étrier, qui est soit en fer forgé et noyé de fonte dans la plate-forme, soit en fonte ou en tôle, ou enfin composé de deux plateaux horizontaux réunis par quatre colonnettes en fer.

Ce bâti porte, comme celui des découpoirs, un écrou, une vis avec sa verge à lentilles ou son volant actionné à la main ou à la vapeur, et à la partie inférieure un plateau guidé dans son mouvement pour ne pas tourner avec la vis.

On adapte sous le plateau, au lieu d'un emporte-pièce, une forme, mâle ou femelle, en fer, acier, fonte malléable ou bronze, présentant en creux ou en relief la cambrure, les tracés et dessins que l'on veut reproduire sur le cuir. Celui-ci est maintenu sur la plate-forme du bâti, en regard de la forme, soit sur une plaque plane en bois dur ou métal, soit sur une contre-forme.

Les machines à estamper servent non-seulement pour les semelles, mais aussi pour produire des dessins sur les brides à sabots et divers articles de gaînerie et de sellerie.

Machine à action double à découper et à estamper.

Les machines à découper et à estamper ayant beaucoup d'analogie, on a cherché à les réunir en une seule. Mais il y avait en cela un inconvénient ; car, d'une part, la forme ouverte du C est nécessaire dans les découpoirs pour présenter à l'emporte-pièce de grands morceaux de cuir, et, d'autre part, cette forme n'est pas assez rigide pour estamper.

Nous avons cependant résolu la question et construit pour plusieurs fabricants des machines à action double dans lesquelles le bâti, soit en fonte ou en fer, a la forme ouverte du C, mais peut à volonté se fermer, comme un étrier, par le relèvement de deux forts boulons à rotule qui réunissent la plate-forme inférieure avec la tête du bâti.

Machines à cambrer les tiges.

Les tiges et empeignes sont d'abord découpées d'après des gabarits, puis égalisées, refaçonnées et pliées ; mais pour leur donner la cambrure du pied, il faut en allonger certaines parties, surtout à l'endroit du cou-de-pied. Cet allongement est produit par le passage forcé de la tige ployée en double sur une forme en cuivre, au travers d'une boîte creuse à jours en fonte garnie intérieurement de plaques de cuivre présentant des striures et des cannelures.

C'est ce passage forcé, qui exige une certaine force, que l'on opère au moyen de la machine à cambrer.

Cette machine se compose de la boîte creuse, de la forme en cuivre, d'une crémaillère double et de son mouvement, le tout monté sur un bâti en bois ou en fonte formé de deux colonnes ou montants verticaux réunis en haut par une entretoise et en bas par une plate-forme.

Sur ces montants, à moitié de leur hauteur environ, sont adaptées les deux pièces en fonte garnies de cuivre qui forment la boîte creuse, pièces qui peuvent, au moyen de vis, se rapprocher plus au moins suivant l'épaisseur de la tige et le serrage qu'on veut lui donner.

Deux crémaillères logées dans l'intérieur des colonnes sont entraînées par deux petits pignons fixés sur un petit arbre horizontal mis en mouvement par un engrenage commandé par une manivelle à main.

Les crémaillères étant remontées à la partie supérieure du bâti, on y adapte dans deux encoches la forme en cuivre garnie d'une tige qui se trouve ainsi au-dessus de la boîte creuse, au travers de laquelle cette forme et la tige sont entraînées par le mouvement de descente des crémaillères obtenu en tournant la manivelle.

On dégage en dessous de la boîte la forme de ses encoches et on laisse remonter les crémaillères par l'action de deux contre-poids suspendus à des cordes en boyau qui passent sur deux poulies à gorge à mouvement libre placées à la partie supérieure du bâti.

Lorsqu'il est nécessaire, on fait subir à la tige plusieurs passages successifs.

La machine que nous venons de décrire est presque la seule employée ; cependant on lui a fait subir parfois quelques changements, principalement en ce qui concerne l'entraînement de la forme.

Machines à faire les formes de chaussures.

Dans la meilleure machine à faire les formes de chaussures, l'outil travailleur consiste en un petit plateau circulaire et vertical armé de six petites gouges en acier ayant la forme d'un U dont les deux jambages embrassent la couronne du plateau où elles sont fixées, tandis que la partie arrondie, à biseau affûté, enlève le bois par petits copeaux. Ce plateau tourne avec une très-grande rapidité, tout en se transportant d'un mouvement lent sur son axe horizontal.

En face de l'outil travailleur se présente sur un

battant ou cadre mobile le morceau de bois dégrossi qui doit servir à faire une forme, lequel, monté sur deux pointes, tourne lentement autour d'un axe passant de la pointe au talon.

Sur ce même axe prolongé et animée du même mouvement de rotation se trouve une forme en bronze, semblable à celle que l'on veut obtenir et que l'on appelle *gabarit*. Ce gabarit, grâce à la mobilité du battant, s'appuie constamment, tout en tournant, sur un guide terminé par une petite roulette, monté sur l'axe prolongé du plateau travailleur ; ce guide ne tourne pas, mais se transporte sur son axe avec la même vitesse que le plateau.

Les distances de l'axe au dehors de la petite roulette et des gouges étant égales, il résulte de la disposition indiquée que l'outil travailleur dégagera la forme suivant une suite de contours semblables à ceux correspondants du gabarit. Et lorsque le guide aura parcouru toute la longueur du gabarit, l'outil aura parcouru toute la longueur de la forme qui se trouvera ainsi terminée, sauf le polissage et la façon de la pointe et du talon.

L'ensemble de la machine est monté sur un grand bâti en bois rectangulaire de 1 mètre de hauteur, dont le dessus a la forme d'un cadre allongé composé de trois longrines parallèles réunies à leurs extrémités par deux traverses.

La longrine du milieu supporte l'arbre du plateau et du guide, lequel est fileté à l'endroit de ces deux pièces.

Entre elles et la longrine d'avant oscille le battant vertical ou cadre articulé par le pied, lequel porte à la partie supérieure l'arbre du gabarit et de la forme parallèlement à celui de l'outil.

L'arbre moteur, animé déjà d'une grande vitesse, est horizontal et placé à l'arrière du bâti, à moitié de sa hauteur. En outre des deux poulies fixe et folle de commande, il porte un large tambour transmettant par courroie le mouvement à une petite poulie venue de fonte avec le plateau travailleur, une autre poulie transmettant le mouvement à l'arbre de la forme et du gabarit par arbre intermédiaire et chaîne galle, et enfin à son extrémité un petit pignon qui entraîne, au moyen d'un arbre incliné et de deux engrenages, l'axe à double vis de l'outil travailleur et du guide.

Le plateau travailleur tourne follement sur un gros écrou en acier, lequel se transporte avec lui à droite et à gauche, grâce au mouvement de rotation de sa vis, mouvement qu'un guide l'empêche de suivre.

Le battant qui porte la forme et le gabarit peut s'appuyer plus ou moins sur le guide et l'outil, grâce à la pression de la main ou à l'action d'un levier muni d'un contre-poids.

Machines à coudre les chaussures.

Les machines à coudre les chaussures sont des machines à coudre ordinaires dont les organes doivent être plus résistants que pour les étoffes. Elles peuvent être mises en mouvement au pied, à la main ou au moteur.

Le cuir est présenté à l'aiguille tantôt sur une table, tantôt sur un cylindre en cuivre, et est entraîné par des petites roulettes à griffes.

Presses à coller les semelles et talons.

Dans les chaussures d'hommes, on ajoute souvent une deuxième semelle en cuir de qualité inférieure, placée entre la semelle extérieure et la fausse.

On réunit cette deuxième semelle à celle extérieure par un collage effectué dans des presses hydrauliques ou à levier. Ces mêmes machines sont employées pour faire les talons et quelquefois également pour cambrer et estamper les semelles.

Machine à monter les chaussures, de M. Duméry.

Cette machine a pour but de faciliter l'opération du montage ou de l'assemblage, qui est la plus délicate dans la fabrication de la chaussure. Elle est composée comme il suit :

Le bâti, en fonte, en col de cygne, de 2 mètres de hauteur environ, se termine en bas par une plateforme assez large, et reçoit dans une crapaudine et un coussinet une grande ellipse qui pivote autour de son grand axe vertical et peut s'arrêter, grâce à un loqueteau, dans les deux positions correspondantes au plan principal du bâti. Une deuxième ellipse, plus petite, pivote autour de son petit axe horizontal dans deux coussinets venus de fonte à l'intérieur de la grande ellipse et peut aussi, grâce à un loqueteau, s'arrêter dans ses deux positions verticales.

C'est la petite ellipse intérieure qui porte la forme en fonte et les pinces à mordache qui servent soit à tirer l'empeigne, soit à la rabattre. Ces pinces sont actionnées par des cordes en boyau qui passent sur des galets fixés sur deux petits axes parallèles entre eux et perpendiculaires au plan de l'ellipse ; ces galets sont munis eux-mêmes de mâchoires auxquelles se rattachent les cordes, et qui constituent un encliquetage par frottement dit *à la Dobeau*.

Pour rabattre l'empeigne sur la semelle, les mêmes pinces à mordache sont actionnées non plus verticalement, mais horizontalement, par des cordes en boyau passant sur des galets de renvoi et attachées à des leviers à pédale dont les axes sont fixés sur la plate-forme du bâti. Un levier de tension correspond à chacune des pinces, et un deuxième levier à pédale sert pour le débrayage du premier.

Avec cet appareil, pour monter un soulier, on place sur la forme en fonte, qui est au milieu de l'ellipse intérieure, l'empeigne et la fausse semelle, celle-ci étant maintenue par deux poinçons articulés à vis d'allongement. On fixe la pointe de l'empeigne en la rabattant sur la semelle au moyen de petits clous appelés *semences* ou avec une presse, et on fait gravir à la partie arrière le talon incliné de la forme au moyen d'un chausse-pied à griffes actionné par deux pinces à mordache et à encliquetage à la Dobeau, l'une inférieure, l'autre supérieure.

Le montage en avant, c'est-à-dire la tension du cuir dans le sens de la longueur étant ainsi effectuée, on tire également l'empeigne sur toute la périphérie de la forme et de la semelle au moyen des pinces et en se servant de la faculté qu'ont les ellipses de pivoter. Puis on passe au rabattement, en se servant des mêmes pinces, comme il a été indiqué, et en fixant l'empeigne sur la semelle au moyen de semences.

Les parties les plus difficiles de la chaussure sont le talon et surtout le bout du pied ; car il faut y éviter les plis. M. Duméry a imaginé d'ajouter à son appareil une presse qui vient coiffer sur la forme l'empeigne au talon ou au bout du pied, et fait ainsi une espèce d'emboutissage ; néanmoins on est toujours forcé pour la pointe de couper des petites langues de cuir.

La machine de M. Duméry est utile surtout pour les chaussures fortes, que l'on peut, grâce à elle, monter plus complétement et plus rapidement. M. Lemercier, de Paris, construit également des machines à monter la chaussure, plus simples que celles de M. Duméry, et agissant d'une manière analogue au moyen de pinces à mordache.

Machines à faire les vis et à visser les chaussures.

La fabrication des chaussures vissées prend chaque jour une plus grande extension ; cela tient à ce que cette fabrication est simple et donne des produits de très-bonne qualité quand les vis sont bien faites et bien posées.

Le vissage a pour but de réunir la semelle à la fausse semelle et à l'empeigne. Pour que cette opération soit bien faite, il faut qu'au moment même du vissage la semelle soit rapprochée fortement de la chaussure au moyen d'une pression suffisante, et que les vis maintiennent ce rapprochement d'une manière constante ; et, pour obtenir ce résultat, il faut que le filet soit bien formé dans les vis et dans le cuir et que la pointe qui pénètre la première soit plus petite que la tête.

Quelques fabricants, entre autres MM. Lemercier et Cabourg, ont réussi à faire faire les vis par les machines à visser elles-mêmes. C'est là sans doute une bonne simplification, mais elle a souvent pour conséquence de donner lieu à des vis qui, par suite de leur section, présentent une bavure, un renflement à la partie qui pénètre la première et qui sont par cela même défectueuses.

Les machines à visser la chaussure se divisent donc en machines faisant leurs vis elles-mêmes et machines employant des vis déjà faites.

Machine à visser les chaussures, de M. Lemercier.

La machine à visser de M. Lemercier est une des plus répandues parmi celles qui font elles-mêmes leurs vis.

Le mécanisme est monté sur une table en bois dont le dessus est une plate-forme en bois ou en métal.

Sur cette plate-forme une colonne en fonte supporte, dans une glissière, l'axe d'oscillation d'un balancier horizontal dont la tête reçoit le porte-outils et dont l'autre extrémité à l'arrière est reliée, par une bielle verticale pendante, à un balancier inférieur à pédale.

Dans le porte-outils, le fil de cuivre, tournant sous l'action d'un petit engrenage conique et d'une manivelle, vient successivement se fileter sur un outil à biseau et se visser dans la chaussure ; après cette opération, un petit burin sécateur triangulaire, qui fait également partie du porte-outils, vient couper le fil au-dessus de la semelle.

Pour présenter la chaussure dans tout son contour sous l'outil fileteur et visseur, on peut ou la laisser sur la forme, ou la sortir et la poser sur une bigorne brisée à chariot universel.

Lorsqu'on visse sur la forme, on n'est pas obligé de sortir et de remettre la forme, et la chaussure est moins susceptible de se déverser ; mais il faut un grand nombre de formes, qui doivent être ferrées sur contour, afin que les vis puissent se river et ne risquent pas de s'enfoncer dans le bois. La forme est soutenue par trois petits supports qui peuvent s'écarter et monter plus ou moins, et qui sont fixés sur une plaque mobile, en sorte que la chaussure peut être présentée dans toutes les positions nécessaires.

La bigorne brisée à chariot universel consiste en une plaque tournant sur un petit chemin de fer circulaire autour d'une colonnette placée dans l'axe de la vis ; cette plaque porte à son extrémité une bigorne brisée par articulation que l'on introduit dans la chaussure ; la tête de la bigorne vient pendant le travail s'appuyer sur la colonnette au-dessous de la vis. Pour travailler, le soulier étant présenté sur la forme ou sur la bigorne, l'ouvrier appuie de tout son poids sur la pédale du balancier inférieur et fait par suite baisser le porte-outils dont l'extrémité s'appuie fortement sur la semelle de la chaussure, laquelle repose elle-même d'une manière fixe sur son support. Alors l'ouvrier faisant tourner la petite manivelle fait la vis et l'introduit dans le cuir ; puis il la coupe, laisse remonter le porte-outils en lâchant la pédale, déplace la chaussure et introduit une nouvelle vis et ainsi de suite.

Machine à visser les chaussures, de M. Duméry.

M. Duméry est l'inventeur de plusieurs machines employées à la fabrication de la chaussure à vis.

Ces machines, admises et récompensées à l'exposition universelle de 1867, sont :

L'appareil à monter la chaussure déjà décrit ; la machine à faire les vis ou petit tour à fileter ; la machine à visser ; la machine à couper les têtes de vis ; la meule à polir les semelles ; la fraise à finir les talons et le tour de la semelle.

Toutes ces machines, sauf la première, marchent à la vapeur ou à la main.

Dans la machine à visser de M. Duméry, les divers organes et mouvements sont réunis sur un bâti vertical en fonte, dont la tête, en col de cygne, porte l'outil visseur animé d'une grande vitesse autour d'un axe vertical au moyen de petites courroies ou cardes de commande ; cet outil prend la vis au sortir d'un tube conducteur et l'introduit dans la chaussure tout en la faisant tourner ; quelquefois un poinçon perce à l'avance le trou où doit s'introduire la vis ; mais celle-ci généralement forme elle-même son trou et le filette.

Comme dans la machine de M. Lemercier, la pression est opérée par le pied de l'ouvrier agissant sur un balancier à pédale.

La bigorne n'est plus simple, mais bien multiple, c'est-à-dire qu'elle est composée de cinq branches ayant même hauteur, mais une forme et une courbure différentes afin de faciliter la présentation de la chaussure dans toutes ses parties ; ces cinq branches sont réunies sur le même tronc, qui tourne autour d'un axe horizontal, en sorte qu'on peut amener l'une ou l'autre des branches sous l'outil visseur avec la plus grande facilité. Nous pensons que la bigorne multiple est inutile et qu'un ouvrier habile travaillera aussi bien et plus rapidement avec une bigorne simple.

On a construit depuis quelque temps des machines à visser du système Duméry, dans lesquelles le mouvement de rotation de l'outil visseur est déterminé par le déroulement d'une corde tirée dans un sens par une pédale et dans l'autre par un ressort ou un contre-poids ; ces machines sont dites *sans moteur*.

Machines à visser les chaussures, de M. Maugin.

La machine à visser les chaussures, de M. Maugin, est d'une construction simple et d'un prix peu élevé ; elle peut marcher à bras ou par un moteur ; peut-être laisse-t-elle un peu à désirer sous le rapport de la solidité.

Cette machine se compose de deux petits bâtis verticaux entre lesquels se trouvent tous les mouvements.

Le balancier à pédale manœuvré par l'ouvrier n'agit plus sur le porte-outils, mais bien sur l'axe vertical autour duquel tourne la bigorne ; celle-ci est simple et a la forme d'un C dont le tête et le pied sont sur le même axe vertical.

Le porte-outils reçoit dans un tube conducteur les

vis préparées à l'avance, et les amène une à une sous l'outil dont la rotation et la pression les entraîne et les filette dans la chaussure ; puis ces vis sont rivées sur la bigorne.

Machines à couper les têtes des vis.

Après le vissage les têtes des vis font saillie sur la semelle, et il est nécessaire de les couper avant de soumettre la chaussure à l'action des semelles. On peut pour cela employer une petite cisaille mécanique ; mais dans la plupart des fabriques les têtes de vis sont coupées à la main avec une paire de tenailles à mâchoires coupantes.

Machines à meuler ou polir les chaussures.

Les machines à meuler ou polir les chaussures consistent en un arbre supérieur portant une meule en composition d'émeri et un arbre de renvoi inférieur, montés tous deux sur un bâti en bois ou en fonte.

L'arbre de renvoi, qui tourne à une vitesse de 300 tours par minute, est muni de trois poulies, les deux premières fixe et folle pour la réception du mouvement, et la troisième pour la commande de l'arbre de la meule, qui est monté sur pointes et tourne avec une vitesse de 1 800 à 2 000 tours par minute.

La meule a environ 25 centimètres de diamètre sur 6 centimètres de largeur ; elle est tantôt cylindrique, tantôt conique.

Le travail s'effectue en appuyant sur l'outil la semelle de la chaussure, que l'on tient à la main ; une capote en tôle mince qui enveloppe la meule sur les deux tiers de sa circonférence, empêche la projection des limailles, qui tombent par un conduit à la partie inférieure.

On place quelquefois, sur le même bâti et commandés par le même arbre de renvoi, deux arbres garnis de meules, dont l'une peut être à biseau sur sa circonférence pour l'affûtage des fraises.

Enfin quelquefois les meules sont manœuvrées à la main, grâce à l'addition d'un arbre multiplicateur de la vitesse portant volant et manivelle.

Machines à fraiser les talons et les semelles.

On façonne et on polit les talons et le contour de la semelle au moyen d'un outil appelé *fraise* animé d'une vitesse de 3 000 tours par minute environ.

Les fraises, de la grosseur du poing d'un enfant, ont une forme conique légèrement bombée et présentent des taillants angulaires héliçoïdaux : elles sont généralement en acier trempé ou en fonte malléable.

La machine à fraiser se compose : 1° d'un bâti en bois ou en fonte supportant le chariot vertical de l'arbre de la fraise et son porte-chariot, et se terminant par une plate-forme supérieure en fonte bien polie ; 2° d'un mouvement de renvoi accélérateur de la vitesse.

Ce mouvement de renvoi, formé de deux petits bâtis, d'un arbre et de trois poulies, est isolé de la machine et commandé par le moteur général.

Le petit chariot, et par suite la fraise elle-même, qui fait saillie au-dessus de la plate-forme, peuvent s'élever plus ou moins, grâce à l'action d'une vis, dont la tête terminée par un petit carré traverse cette même plate-forme sans la dépasser.

L'extrémité supérieure de l'arbre vertical est conique ; la fraise, percée également d'un trou conique, s'y adapte et y est maintenue serrée par une vis taraudée dans l'arbre. Une petite clef à manivelle sert pour cette vis et pour celle du chariot.

Les fraises s'élèvent ou s'abaissent en s'enfonçant dans la plate-forme suivant la hauteur du talon ; pour le pourtour de la semelle, on emploie des fraises très-basses. Du reste toute machine à déformer doit être munie de fraises d'une courbure plus ou moins grande et de lisseuses en métal ou en bois sans taillants.

Les machines à fraiser les talons, vu leur grande vitesse, exigent l'emploi d'un moteur. Cependant M. Lemercier a réussi à faire des déformeuses marchant à bras sans grande fatigue, grâce à l'emploi de poulies à gorge avec cordes à boyau et arbres à pointes d'acier.

Machines à faire les pointes et les chevilles.

Dans les fortes chaussures et aux parties de la semelle qui fatiguent le plus, on ajoute des chevilles en fer et des pointes à tête.

On emploie aujourd'hui des machines pour la fabrication de ces pointes et de ces chevilles : mais les fabricants de chaussures ayant l'habitude d'acheter ces articles fabriqués par des maisons spéciales, nous ne ferons pas la description de ces machines, qui sont en dehors de l'outillage ordinaire des manufactures de chaussures.

Machines à cheviller en bois.

On a réussi en Amérique et en Russie à remplacer la couture et le vissage par un chevillage, au moyen de petites chevilles en bois flexible et résistant. Cette opération est faite par une machine très-ingénieuse qui détache les chevilles et les enfonce dans le cuir.

Le bois est d'abord débité en lanières par un outil spécial dans un tronçon de 12 à 15 millimètres d'épaisseur ; ces lanières, dont un des côtés est terminé en biseau, restent enroulées en spires et sont posées sur un dévidoir ; une de leurs extrémités s'engage dans la machine à cheviller.

Cette machine se compose d'une colonne en fonte de $1^m,50$ de hauteur portant à sa partie supérieure tout le mécanisme, et d'un support articulé par le pied pour recevoir la chaussure, le tout monté sur une plate-forme en fonte.

Le mécanisme comprend : un ameneur qui fait avancer la lanière de l'épaisseur d'une cheville ; un ciseau qui détache les chevilles dans la lanière ; un poinçon qui forme les trous dans la semelle, et un poussoir qui chasse les chevilles dans les trous précédemment formés par le poinçon. Tous ces outils sont commandés par des cames mises en mouvement par un petit arbre portant poulies motrices.

Le support de la chaussure est vertical, mais articulé à la partie inférieure. Sa tête, qui peut recevoir différentes inclinaisons, se termine par deux coussinets pour le talon et l'avant-pied. La pression au moment du chevillage est donnée par un fort contre-poids de relèvement agissant par un levier sur le support; une pédale permet à l'ouvrier de faire cesser la pression et d'écarter la chaussure pour la déplacer plus facilement.

Bien que le chevillage en bois soit encore inconnu en France, nous avons jugé à propos d'en parler, parce qu'il nous paraît destiné à un certain avenir.

Ainsi qu'on peut en juger, la fabrication des chaussures a dès aujourd'hui à sa disposition un matériel mécanique bien complet; il ne lui reste plus qu'à savoir s'en servir et à suivre en cela l'exemple des grandes maisons, qui n'ont pas hésité à admettre les machines dans leurs usines.

FIN.

LISTE

PAR ORDRE ALPHABÉTIQUE

DES

INVENTEURS ET CONSTRUCTEURS DE MACHINES

DÉCRITES DANS L'OUVRAGE

FIN DE LA LISTE PAR ORDRE ALPHABÉTIQUE.

Paris. — Typographie HENNUYER ET FILS, rue du Boulevard, 7.

LISTE

DES

INGÉNIEURS ET CONSTRUCTEURS

SPÉCIAUX

POUR

LE MATÉRIEL DE LA TANNERIE

DE LA CORROIERIE

ET DES DIVERSES INDUSTRIES DU CUIR

Paris. — Typ. Hennuyer et fils, rue du Boulevard, 7.

J.-P. DAMOURETTE

ANCIEN ÉLÈVE DE L'ÉCOLE POLYTECHNIQUE (1851)

Ingénieur spécial pour tout ce qui concerne le matériel des industries du cuir

49, CHAUSSÉE-D'ANTIN — PARIS

Agencement général et Installation des tanneries, corroieries, fabriques de vernis, mégisseries, chamoiseries, fabriques de chaussures et de courroies.

ACHAT ET SURVEILLANCE DE L'EXÉCUTION DES MACHINES

PLANS, DEVIS, DESSINS

Plans de construction de toutes les Machines employées dans l'industrie des Cuirs.

OBTENTION DE BREVETS EN FRANCE ET A L'ÉTRANGER

RÉCEPTION DES MACHINES — ESSAIS AU FREIN — CONSEILS TECHNIQUES

Vérification et Règlement des Mémoires de travaux et fournitures mécaniques.

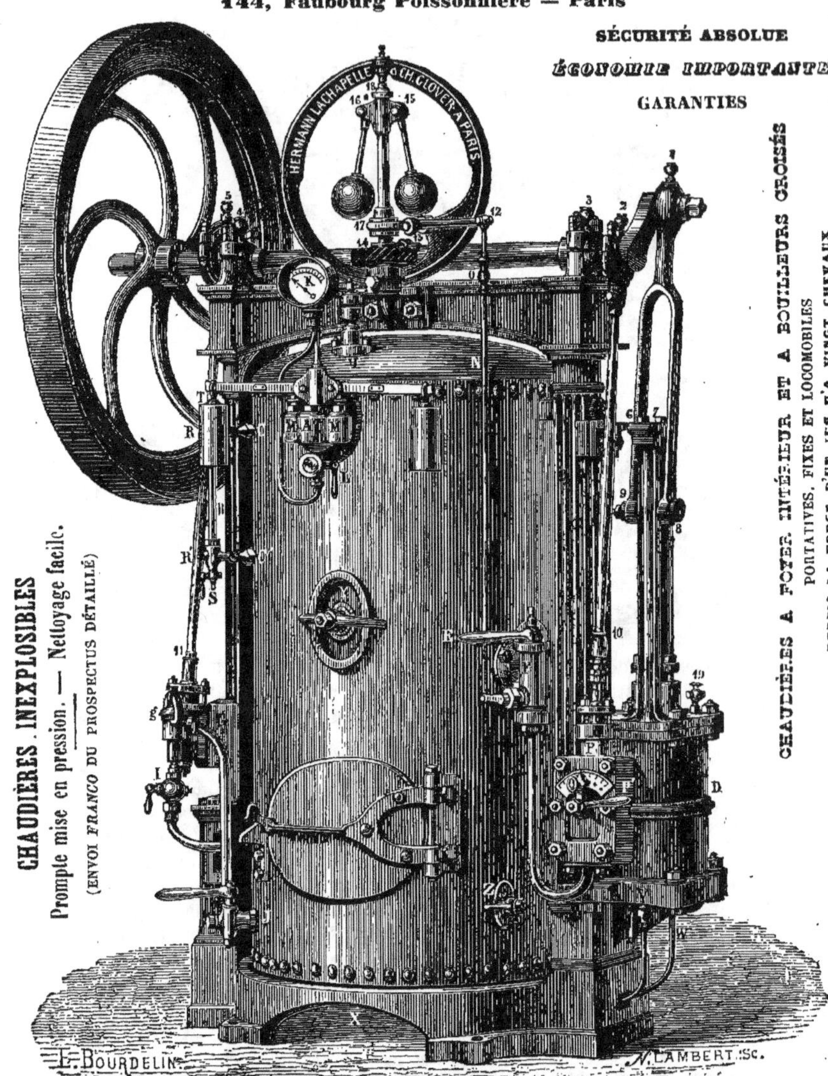

MACHINES A VAPEUR VERTICALES
(BREVETÉES S. G. D. G.)
Les seules montées sur socle-bâti isolateur.

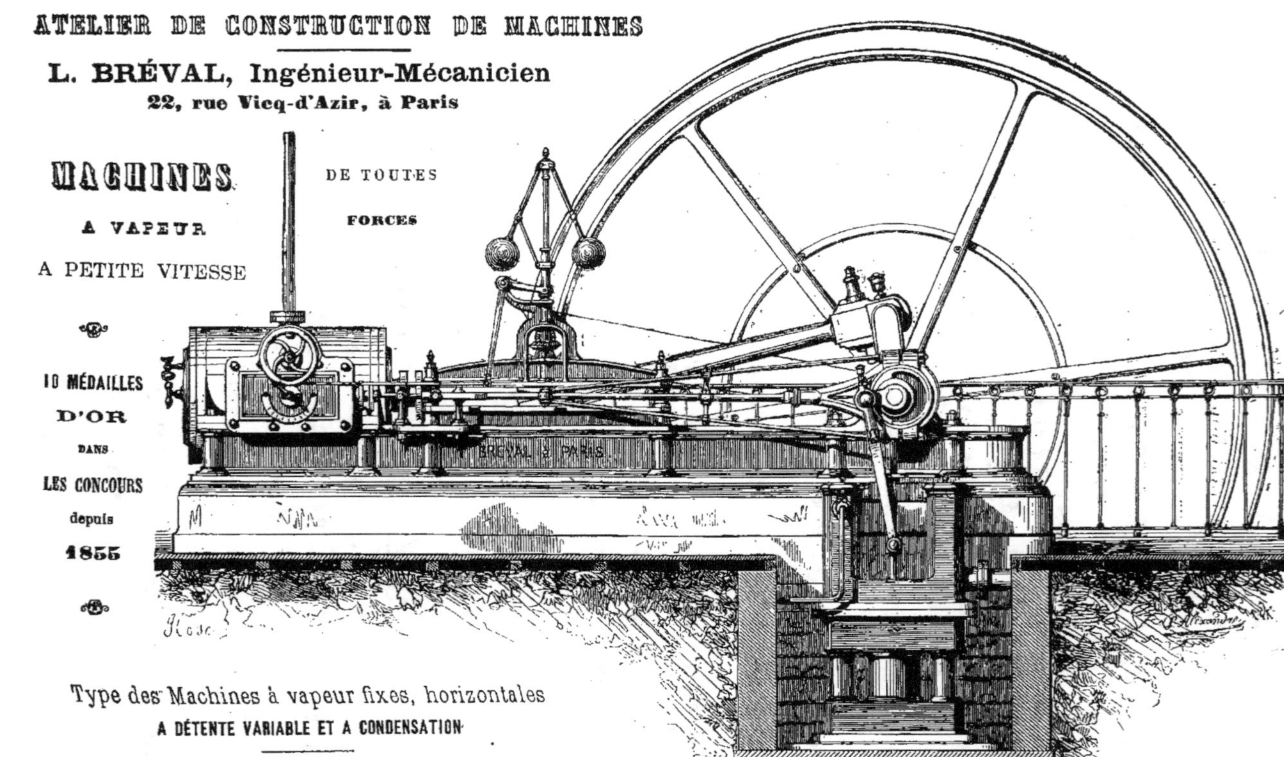

ATELIER DE CONSTRUCTION DE MACHINES
L. BRÉVAL, Ingénieur-Mécanicien
22, rue Vicq-d'Azir, à Paris
MACHINES
DE TOUTES
A VAPEUR
FORCES
A PETITE VITESSE
10 MÉDAILLES
D'OR
DANS
LES CONCOURS
depuis
1855
BRÉVAL A PARIS
Type des Machines à vapeur fixes, horizontales
A DÉTENTE VARIABLE ET A CONDENSATION
Envoi FRANCO, sur demande, des prix courants détaillés.

Maison BÉRENDORF Fils

AVENUE D'ITALIE, 75, A PARIS

Ateliers de construction de Machines à vapeur fixes et locomobiles, chaudières tubulaires, nouveau système, breveté s. g. d. g. à tubes mobiles, sans rivures ni bagues, pouvant s'enlever à volonté pour le nettoyage et sans détérioration dans les ajustements.

Disposition particulière dans le fourneau de ces chaudières qui permet de brûler la tannée humide (suppression complète du charbon). Système qui a obtenu une médaille d'argent à l'Exposition universelle de 1867.

SPÉCIALITÉ DE MACHINES DE TANNERIE

Seule médaille d'argent à l'Exposition universelle de 1867

Machine à battre les cuirs, brevetée en 1842, ayant obtenu une médaille d'argent à l'Exposition de 1844, et une médaille d'argent de la Société d'encouragement, même année.

Cette machine, prenant la force d'un cheval, peut battre 60 côtés de fort ou de lissé par jour.. Prix.. 3,000 fr.

Hachoir à écorces, grand modèle, 1,000 kilog. à l'heure .... 1,000 »

Hachoir à écorces, petit modèle, 500 kilog. à l'heure .... 500 »

Moulin à tan, avec arbre vertical, mû par vapeur ou par eau .... 600 »

La transmission du mouvement .... 450 »

Moulin à tan, monté sur bâti en fonte, servant de manége pour un cheval .... 1,200 »

Produit obtenu par heure : avec un cheval, 50 kilog. de tan ; avec deux chevaux, 130 kilog. ; avec quatre chevaux, 400 kilog.

Machine à marguériter et à crépir .... 1,400 fr.

Machine à doler les peaux mégis, soit veaux, moutons et peaux pour ganterie .... 1,600 »

TONNEAUX, FOULONS, PILONS

ET AGITATEURS DE TOUTES GRANDEURS, ET GÉNÉRALEMENT TOUT CE QUI CONCERNE LA TANNERIE

MACHINES A TRITURER LES BOIS
DE TEINTURE

TRANSMISSIONS DE MOUVEMENT

On peut, tous les jours, voir huit machines à battre les cuirs fonctionner dans l'établissement.

MACHINE A METTRE AU VENT

DE M. FITZHENRY

Brevetée s. g. d. g. en France et dans tous les pays.

Machine Fitzhenry en travail.

L'inventeur se tient prêt à fournir promptement sa nouvelle machine à mettre au vent. L'expérience démontre qu'à l'aide de cette machine, le travail se fait mieux et plus vite que par main-d'œuvre, tandis que les frais sont beaucoup moindres. Les outils marchent sur la peau d'une manière pareille à celle des bras d'un ouvrier, mais avec bien plus de force et de rapidité. La table sur laquelle on pose la peau, que la pression atmosphérique tient à sa place, peut être mue en toute direction, en courant sur des galets fixes. La machine a été mise à toute épreuve par les tanneurs les plus connus de l'Amérique et de l'Angleterre.

Elle est construite dans les meilleures conditions par MM. VARRALL, ELWELL et POULOT, ingénieurs-constructeurs.

On peut la voir fonctionner à Paris : chez MM. Lesaulnier frères, tanneurs, 31, rue Censier, et M. Marcelot, tanneur, 31, rue Poliveau.

POUR TOUS RENSEIGNEMENTS, S'ADRESSER A M. **Ed. FITZHENRY**, AUX SOINS DE MM. **Mc Kean et Co**, 5, RUE SCRIBE, A PARIS.

Maison fondée par A. SUC, en 1857

A. SUC, CHAUVIN & Cie, Mécaniciens, boulevard de la Villette, 50

<◦ PARIS ◦>

MÉDAILLE D'ARGENT, 1er PRIX

Exposition universelle de 1867

76 MÉDAILLES

BASCULES

POUR TANNERIES ET CORROIERIES

BASCULES A CHARRETTE

POUR USINES

PONTS A BASCULES

DIPLOME D'HONNEUR

de l'Académie nationale

Chemins de fer, plaques tournantes, aiguillages, croisements. — **Wagons** à caisse automatique, brevetés s. g. d. g., système Suc, versant de quatre côtés indifféremment, pour transport de la tannée, du charbon, etc. — **Wagons** plate-forme pour transport des peaux. — **Ferrures** pour tonneaux et portes roulantes. — **Transmissions** de mouvement. — **Grues** de toutes forces, **Monte-charges, Treuils** à main et à vapeur. — **Ponts** et **Passerelles** en fer. — **Broyeurs, Pompes,** etc.